蔬之史话

张天柱　张德纯　主编

王庆娟　绘

中国轻工业出版社

图书在版编目（CIP）数据

蔬之史话 / 张天柱，张德纯主编 . — 北京：中国
轻工业出版社，2023.7

ISBN 978-7-5184-4442-7

Ⅰ . ①蔬…　Ⅱ . ①张…②张…　Ⅲ . ①蔬菜园艺
Ⅳ . ① S63

中国国家版本馆 CIP 数据核字（2023）第 093641 号

责任编辑：罗晓航　　　　　责任终审：白　洁　　整体设计：锋尚设计
策划编辑：伊双双　罗晓航　责任校对：晋　洁　责任监印：张　可

出版发行：中国轻工业出版社（北京东长安街6号，邮编：100740）
印　　刷：艺堂印刷（天津）有限公司
经　　销：各地新华书店
版　　次：2023年7月第1版第1次印刷
开　　本：710×1000　1/16　印张：10.75
字　　数：220千字
书　　号：ISBN 978-7-5184-4442-7　定价：99.00元
邮购电话：010-65241695
发行电话：010-85119835　传真：85113293
网　　址：http://www.chlip.com.cn
Email：club@chlip.com.cn
如发现图书残缺请与我社邮购联系调换
220144K9X101ZBW

本书编写人员

主　编：张天柱（中国农业大学水利与土木工程学院）

　　　　张德纯（中国农业科学院蔬菜花卉研究所）

副主编：何小凡（北京中农富通园艺有限公司）

　　　　白春明（北京中农富通园艺有限公司）

参　编：陈小文　张海珍　王鑫梅　薛晓莉　李玉江

　　　　张立亚　张雪松　李倩玉　苏　华　刘艳芝

　　　　王国强　柳晓娜　李晶晶　高　勇

　　　　（以上参编人员均来自北京中农富通园艺有限公司）

前言

中国是世界古文化中心之一，也是古老的农业中心。在新石器时期的遗址西安半坡原始村落中，发现了距今已有6000～7000年的菜籽化石（芸薹类）。栽培蔬菜起源于采集野生植物和相继的栽培驯化。"蔬菜"一词的含义，《尔雅》云："凡草菜可食者，通名为蔬"，《说文解字》曰："菜，草之可食者"。"菜"字源于"采"字，"采"的上半部为爪，下半部为木，采即摘取植物之意，加"艹"为菜。可见蔬菜是自然生长未经人工栽培的野生草菜。考古学家在河南安阳商朝（公元前1562—公元前1066）都城遗址挖掘出的甲骨文中有"圃"的字样，圃是用篱笆围起来的小块菜地。从中国文字的起源及演变，可见蔬菜由野生采集到种植繁养的发展过程。诗歌总集《诗经》产生于西周初期至春秋中叶（公元前11世纪—公元前6世纪），距今已有2000多年。这段时间是农业文明发展时期，书中也明确记录了蔬菜生产栽培和采集并存的演变与发展。如《诗经·邶风·谷风》中有采葑（芜菁、菘菜等）、采菲（萝卜之类）的描述，《国风·齐风·东方未明》中有"折柳樊圃"（"樊"即"藩"，篱笆；"圃"即菜园），即折柳枝围菜园准备栽培的生产过程。从考古学、古文献学等可以看出，蔬菜演变成今天生活中必不可少的食品是经过了漫长的岁月。我们的祖先，包括农学家、农民不断地积累经验，革新和创造，终于将中国蔬菜的生产发展成为独树一帜的蔬菜体系，在世界食品宝库中大放异彩。

中国是世界蔬菜生产大国，无论在产量还是在种类上均为世界第一，其品种资源繁多与其悠远的历史底蕴、奇特的地理环境有关。我国地域辽阔，陆地面积有960万平方公里，南北相距约5500千米，南北跨纬度达

近50度；东西相距为5200千米，东西跨经度60多度。地跨热带、亚热带及寒带的边缘，大部分领土在北温带，南部有一小部分在热带。当白山黑水还在冰封雪飘之际，珠江流域却早已春意盎然了，这不同的地域特征和气候特点为我国孕育丰富多彩的菜蔬提供了繁衍田园。

中国是世界上主要作物起源和多样性分布的中心之一，20世纪初苏联学者瓦维洛夫（Vavilov，1887—1943）将世界栽培植物分为八个独立的起源中心，中国属第一起源中心。中国的食用蔬菜有56科，229个种。其中高等植物34科，201个种（包括变种）；低等植物食用菌14科，18个种；藻类植物有8科，10种。世界上起源于中国的食用蔬菜约有135种，其中50余种为常用蔬菜。中国在向全世界传播蔬菜品种资源的同时，也引进了大量的蔬菜品种资源。远在秦汉时期，中国就开始从外域引进蔬菜了。世界上很少有国家能像中国这样频繁引进外域蔬菜资源，而且卓有成效。从外域引进的蔬菜中，主要以吃果实的瓜、果、豆为主，如瓜中的黄瓜、西瓜、南瓜、丝瓜、苦瓜等，果中的番茄、辣椒、茄子等，豆中的豇豆、菜豆、豌豆、扁豆等，在引进的蔬菜中占据了主要地位。悠久的历史文化、辽阔的国土面积、多样的地理生态环境以及面向世界海纳百川的胸怀构筑了中国蔬菜资源宝库。2009年中国农业科学院蔬菜花卉研究所编制了《蔬菜名称及计算机编码》（NY/T 1741—2009），该标准收录了15大类232种蔬菜。但是，这仅是现有蔬菜的一部分，不能代表我国蔬菜的整体。

日常生活中，人们每天都离不开蔬菜。有句话"三天不吃青，两眼冒火星"，说明食用蔬菜对我们的身体益处多多。虽然天天要吃蔬菜，天天要和蔬菜打交道，但不见得都能把蔬菜的前世今生说清楚。为此，我们将市场上常见的、消费量较大的100种蔬菜的历史渊源进行梳理，编辑成《蔬之史话》，以飨读者。通过了解蔬菜演变历史，可以使我们进一步了解国家和民族优秀的历史文化遗产、科学技术成就，增强对中华民族灿烂的物质文明、精神文明及其对社会发展和人类进步卓越贡献的认识，以增强我们的民族自尊心、自信心和自豪感，在民族复兴的征途上砥砺前行。

张德纯

2023年2月20日

目录

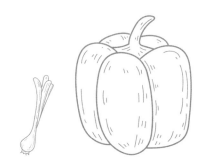

一、概述

（一）蔬菜的起源

人类已有约300万年的悠久历史，大约90%以上的漫长岁月里，人类主要靠采集野生植物的果实、根、茎、叶和渔猎为生。在我国远古神话里就有"神农氏尝百草，一日遇七十毒"的描写。神农氏尝百草实际上就是我们的先民尝百草，不知有多少人因误食毒草毒菌而丢掉了生命。但正是这样，人类逐渐累积了有关植物的知识，为农业的发展奠定了基础。考古学家发现距今7000年左右的时期，中国进入了新石器繁荣时代，由于这一时代的文化遗产首先发现于河南渑池仰韶村，因此称为"仰韶文化"。黄河流域的"仰韶文化"遗址已发现达1000多处，其中以西安半坡遗址最有代表性。在半坡遗址挖掘中发现了白菜、芥菜种子及斧、刀、锄、铲等磨制的石器。考古学家认为半坡先民是用石斧砍倒树木荆棘，放火烧去野草，再用石锄和石铲平地、松土，然后种上白菜和芥菜种子。这一考古发现证明了远在6000多年前，我们的先民即已从事蔬菜生产。

（二）商周时期蔬菜种类

在我国农业史上，可以总结的最早蔬菜栽培技术始自夏商西周时代。《夏小正》记有："正月，囿有见韭。"这是夏代已有韭菜种植于园地的文献证明。考古学家在河南安阳商朝（公元前1562—公元前1066）都城遗址挖掘出的甲骨文中有"圃"的字样，圃指用篱笆围起来的小块菜地。

西周时代，蔬菜种植已经出现了一个较为繁荣的局面，此时期蔬菜繁荣的突出标志便是品种显著增多。民以食为天，在人类文化发展的历史长河中，由于蔬菜与人类生活的密切关系，蔬菜生产往往成为文学艺术创作的源泉和吟咏的对象。《诗经》是我国最早的诗歌总集，约成书于公元前544年，全书共收集西周初期至春秋中叶的诗歌311篇。《诗经》对中国2000多年来的文学发展有着深远的影响，其中多数篇章源于民间诗歌，真实地记录了当时劳动人民的生活及生产劳动，具有极其珍贵的古代史料价值。古诗中大约有37篇提及蔬菜，如《关雎》中的荇菜，《芣苢》中的芣苢（车前子），《草虫》中的蕨，《中谷有蓷》中的蓷（益母草），《七月》中的葵，《蓼莪》中的莪（抱娘蒿），《泮水》中的茆（莼菜），《召南·草虫》中的蕨、薇等，累计提及各种蔬菜名称30余种。从这些诗歌中可以看出，由于当时生产较为落后，诗中提及的蔬菜多处于野生采撷状态，属于野菜范畴。

（三）秦汉时期蔬菜种类

秦汉时期的蔬菜种类，仅西汉哀帝元寿元年见诸记载的就有瓜、瓠、芋、菽、韭、葱、薤、蒜、葵、芜菁、菱、荷、芹、笋、姜、荼、蒲、菖蒲、芦菔、荠、蕨、蓼、蘘荷、蘋、薇、蒿、苋、蓴（莼）、茭白、藻、荸荠、芥、荇菜、堇、藜35种。此外，还有几种浆果和菌类以及一些没有统计在内的蔬菜，如原产我国的油菜、茄、萱草和从国外引进的胡豆、胡瓜（黄瓜）等。东汉时期崔寔的《四民月令》中记载，黄河流域栽培的蔬菜有瓜、瓠、芥、葵、芜菁、芋、姜、蘘荷、大葱、小葱、胡蒜、大蒜、小蒜、杂蒜、韭、莲、蓼、苏18种。

秦汉时期蔬菜品种开始增多的另一个重要原因，便是外来品种的引入。据记载，通过丝绸之路由中亚传入我国的蔬菜有豌豆、扁豆、瓠瓜、黄瓜、甜瓜、蚕豆、芸薹、甜菜、菠菜、胡萝卜、芫荽、茴香、芹菜、莴苣、大蒜等。在上述众多蔬菜中，一般认为，豌豆、扁豆、胡萝卜、莴苣起源于阿富汗；蚕豆、芸薹、甜菜、菠菜起源于伊朗；芫荽、茴香、芹菜起源于地中海沿岸；黄瓜起源于印度、缅甸、泰国、马来西亚和爪哇岛等国家及地区。至于大蒜，外国文献都认为起源于伊朗、高加索地区和东土耳其地区。其实在我国新疆天山也有野生大蒜的分布，也应是大蒜的起源地。自汉代张骞通西域之后，中亚地区已种植的蔬菜通过丝绸之路不断地传入我国内地，开创了中华民族大量引种国外蔬菜品种的新时期。

（四）隋唐时期蔬菜种类

隋唐时期开辟了海上丝绸之路，随着海上丝绸之路的畅通，从东南亚、印度、马来西亚以及中南美洲、地中海等地引进了菠菜、丝瓜、南瓜、苦瓜、番茄、辣椒等。从海上丝绸之路引进的蔬菜有的冠以"番"和"洋"字，如番茄、番椒、番薯、洋芋、洋姜、洋白菜等。但也有不冠以此二字的，如菜豆、菜花、苤蓝等。唐朝末年农学家韩鄂撰写的《四时纂要》共记载了35种蔬菜，包括瓜（甜瓜）、冬瓜、瓠、越瓜、茄、芋、葵、蔓菁、萝卜、蒜、薤、葱、韭、蜀芥、芸薹、胡荽、兰香、荏、蓼、姜、蘘荷、苜蓿、藕、芥子、小蒜、菌、百合、枸杞、莴苣、署芋（薯蓣）、术、黄菁（精）、决明、牛膝和牛蒡。其中约有1/4的种类，如菌、百合、枸杞、莴苣、黄菁（精）、决明、牛膝、牛蒡和薯芋是隋以前没有栽培过的。

值得一提的是唐朝在蔬菜栽培技术方面所取得的成就，唐朝都城长安附近有比较丰富的地热资源，唐朝政府设温汤监管理相关事务。《新唐书·百官志》记载："庆善、石门、温泉汤等监，每监监一人……凡近汤所润瓜蔬，先时而熟者，以荐陵庙。"可见当时已利用地热资源进行蔬菜栽培且规模较大。诗人王建的《宫前早春（一作华清宫）》称："酒幔高楼一百家，宫前杨柳寺前花。内园分得温汤水，二月中旬已进瓜。"可见丰富的地热资源造就了唐朝蔬菜栽培技术的进步。

（五）宋元时期蔬菜种类

宋朝的蔬菜品种已十分丰富，有薹心、矮黄、大白头、小白头、黄芽、芥、生菜、波棱（菠菜）、莴苣、姜、葱、薤、韭、大蒜、小蒜、茄、梢瓜、黄瓜、冬瓜、葫芦、瓠、芋、山药、牛蒡、萝卜、甘露子、茭白、蕨、芹、胡荽、芸台、苜蓿、百合、笋、苏、枸杞、蒿、苦荬、马兰、苋、藜、乌葵、白豆、雍菜、水靳、鹿角菜、菌等，共40余种。

宋朝开辟了中国豆芽菜的先河，北宋苏颂的《本草图经》上说，"菜豆为食中美物，生白芽，为蔬中佳品。"南宋后期林洪曾在《山家清供》一书中详细介绍了生豆芽菜（大豆芽）的方法。南宋孟元老所撰《东京梦华录》中的豆芽菜条目，则是生绿豆芽的最早记载。

宋朝是中国历史上经济、文化、教育最繁荣的时代，达到了封建社会的巅峰。苏轼，即苏东坡，是宋代著名诗人，也是一个很有见地的美食家。除了令人熟知的"东坡肘子"外，苏轼还创制过"东坡羹"。他用大白菜、萝卜、荠菜，揉洗去汁，下菜汤中，入生米为糁，加少量生姜做成美味的菜粥。并自赋诗曰："谁知南岳老，解作东坡羹。中有芦菔根，尚含晓露清。勿语贵公子，从渠嗜膻腥。"东坡美味有一显著特点，即用料不求高贵，加工不尚烦琐，却简而能精，化俗为雅，往往还加上个风雅的名称，情之所至，附诗赞曰，更增添了一番情趣。比如他赞美春菜："蔓菁宿根已生叶，韭芽戴土拳如蕨。烂蒸香荠白鱼肥，碎点青蒿凉饼滑。"赞美芦菔："秋来霜露满东园，芦菔生儿芥有孙。我与何曾同一饱，不知何苦食鸡豚。"赞美芥、菘："芥蓝如菌蕈，脆美牙颊响。白菘类羔豚，冒土出蹯掌。"赞美芹菜："泥芹有宿根，一寸嗟独在。雪芽何时动，春鸠行可脍。"赞美蚕豆："豆荚圆且小，槐芽细而丰……点酒下盐豉，缕橙芼姜葱。"赞美姜："食姜粥甚美""先社姜芽肥胜肉"。从上述诗句中可以看出，苏轼不仅对各种蔬菜情有独钟，更是通过诵颂韭芽、芹芽、槐芽、姜芽来表达对芽类蔬菜的喜爱之情。现今，芽类蔬菜作为蔬菜中的一大类在蔬菜研究工作中具有非常高的关注度。

天历元年宫廷御医忽思慧撰写的《饮膳正要》第一卷介绍了94种药膳菜肴，为我国的蔬食体系增添了新的内容。

（六）明清时期蔬菜种类

明清时期基本上奠定了中国蔬菜的构成，种类近于80余种。在我国古典文学名著中有大量描写蔬菜种类繁多的章节段落。《金瓶梅词话》这部小说，据专家考证，大约成书于明嘉靖末年到万历十年左右，作者托名为兰陵笑笑生，其真名不详，书中对人物刻画及市井人情的描摹十分细致。尤其是对西门庆一家大小筵宴便餐，提供了食单，所提及的米面主食、菜肴珍馐达三四百种，如第四十三回写吴月娘宴请乔太太，"每桌四十碟，都是各样茶果甜食，美口菜蔬……"其他章回中提及的蔬菜食品有"糖笋干""甜酱瓜茄""酱大通姜"。第四十五回写道"黄芽菜汆馄饨鸡蛋汤"，这里的"黄芽菜"在《养余月令》中有详细记载：在冬至前后"以白菜割去茎叶，只留菜心，离地二寸许，以粪土壅平，勿令透气，半月取食，其味最佳。"在《五杂俎·物部三》中有记载："京师隆冬有黄芽菜、韭黄，盖富室地窖火坑中所成，贫民不能为也。"可见金瓶梅成书时代黄芽菜的珍贵。

明代吴承恩所著《西游记》是一部规模宏大、结构完整的神魔小说，在我国可谓家喻户晓，妇孺皆知。作者吴承恩除了成功地塑造了孙悟空、猪八戒等神话人物，还在书中多次提及各种野菜，尤以第八十六回"木母助威征怪物，金公施法灭妖邪"中描写最为精彩。此章回中写孙悟空从妖怪洞中救出了樵子，其母子为表感谢，请唐僧师徒吃各种野菜，"……是几盘野菜，但见那：嫩焯黄花菜，酸齑白豉丁。浮蔷马齿苋，江荠雁肠英。燕子不来香且嫩，芽儿拳小脆还青。烂煮马蓝头，白熝狗脚迹。猫耳朵，野落荜，灰条熟烂能中吃；剪刀股，牛塘利，倒灌窝螺操帚荠；碎米荠，莴菜荠，几品青香又滑腻。油炒乌英花，菱科甚可夸；蒲根菜并茭儿菜，四般近水实清华。看麦娘，娇且佳；破破纳，不穿他；苦麻台下藩篱架。雀儿绵单，猢狲脚迹，油灼灼煎来只好吃。斜蒿青蒿抱娘蒿，灯蛾儿飞上板荞荞。羊耳秃，枸杞头，加上乌蓝不用油。"唐僧为出家之人，所食为素斋饭，因而吃的都是极清淡的山野菜。文学作品中对蔬菜的各种描写，不是作者的卖弄，而是情节的需要。此段读起来朗朗上口，饶有趣味，看起来是随意之笔，却体现出作者深厚的知识功底。几百年之后的今天，上述作品中提及的野菜仍是我们喜食的主要野菜。

　　文学中的菜肴描写，还可以是作者对美好生活的深刻了解。清代吴敬梓所著《儒林外史》是我国第一部长篇讽刺小说，小说中提及各种菜肴近百种。作者吴敬梓中年迁居南京，对南京人的饮食生活，特别是有特色的家常风味菜描述得尤为生动。第二十二回着意写了一道地方风味菜——芦蒿炒豆腐干。芦蒿即蒌蒿的俗称，是一种野生蔬菜，口感脆嫩清香，是老南京人普遍喜食的蔬菜之一。与豆腐干配炒，蒌蒿补中益气，利膈开胃；豆腐干宽中下气，消食化滞。二者相配，相得益彰。

　　《红楼梦》第六十一回"投鼠忌器宝玉瞒赃，判冤决狱平儿行权"中有："……前儿小燕来，说'晴雯姐姐要吃芦蒿'，你怎么忙的还问肉炒鸡炒？小燕说'荤的因不好才另叫你炒个面筋的，少搁油才好。'"这一段话后又引出了"……连前儿三姑娘和宝姑娘偶然商议了要吃个油盐炒枸杞芽儿来，现打发个姐儿拿着五百钱来给我，我倒笑起来了，说：'二位姑娘就是大肚子弥勒佛，也吃不了五百钱的去。这三二十个钱的事，还预备的起。'"这两段对话中也提到了"芦蒿"，另外还提到了"枸杞芽"。这两种蔬菜现均被列入南京"野八珍"之中，仅蒌蒿在南京市郊八封洲就有上万亩的种植面积。文中所说的做法，也十分考究、地道。面筋炒蒌蒿、油盐炒枸杞芽，时至今日也是十分讲究的食客正宗吃法。从曹雪芹所写的这两种菜及烹炒方法，可猜想到这位文学巨匠头脑中构思的贾府应在金陵，即今日的南京。因为曹雪芹生活的时代，北京断无蒌蒿、枸杞芽可买。

　　《农桑经》是清代文学巨匠蒲松龄于康熙四十四年（1705）完成的一部农学著作，该书集中反映了清初山东淄博一带农业和蚕桑的生产情况。但这部重要的农学著作一直未获刊刻。从中国农业遗产研究室搜集到的手抄本上可以肯定，此书曾在山东一带农村互相传抄，证明它具有一定的实用价值。这本书虽出自文学巨匠之手，却是一本通俗读物，全书有49则记载了蔬菜的栽培方法，包括蔬菜45种。

（七）近代蔬菜种类

中国人民在漫长的岁月中，通过对野生植物的发掘、栽培和对引入蔬菜的驯化、选育，创造了今天丰富多彩的蔬菜种类。据古文献记载，公元前中国蔬菜有40多种，其中多为采集的野生蔬菜，人工栽培的仅有15～16种。两汉时期，通过丝绸之路引进了一些蔬菜品种，蔬菜种类有了增加。根据北魏贾思勰所著《齐民要术》（533—544）中的叙述，在黄河流域栽培的蔬菜已达31种之多。其后的1400年间，随着生产的发展，国际间的文化经济往来，蔬菜种类逐步增加，至明清时期种类近于80余种。

民国时期，蔬菜种类没有明显的增加，基本保持在明清时期的水平。蔬菜种类快速增加发生在1949年后，尤其是20世纪70年代后。1977年中国农业科学院蔬菜研究所对全国蔬菜品种资源进行了全面系统的收集和整理，初步统计中国蔬菜种类（包括种、亚种、变种）有209种，隶属29个科。在此基础上，商业部于1988年编制了《蔬菜名称（一）》（GB 8854—1988），收集蔬菜种类83种。

"七五"期间（1986—1990）"蔬菜种质资源繁种和主要性状鉴定"被列入国家重点项目"农作物品种资源研究"中的一个专题，并由中国农业科学院蔬菜花卉研究所牵头，组织全国29个省、市、自治区（其中西藏自治区、台湾未参加）蔬菜科研、教学单位协作攻关，共收集21科67属132种蔬菜，收集在《中国蔬菜品种资源目称》中。

1990年出版的《中国农业百科全书：蔬菜卷》收录蔬菜15类169种，增加了芽类蔬菜。其中包括根类蔬菜10种、薯芋类蔬菜12种、葱韭类蔬菜10种、白菜类蔬菜6种、芥菜类蔬菜4种、甘蓝类蔬菜4种、绿叶菜类蔬菜26种、瓜类蔬菜17种、茄果类蔬菜5种、豆类蔬菜11种、水生蔬菜12种、多年生及杂类蔬菜16种、食用菌类22种、野生蔬菜11种、芽类蔬菜3种。

商业部1992年编制的《蔬菜计算机编码 蔬菜商品分类和代码》（SB/T 10029—1992）收录蔬菜11类182种，其中包括野菜类45种、瓜菜类13种、根茎类25种、花菜类4种、茄果类4种、葱蒜类14种、菜用豆类11种、水生蔬菜类13种、多年生类蔬菜20种、食用菌类21种、其他类12种。2009年中国农业科学院蔬菜花卉研究所承担了农业部下达的任务，参阅了《蔬菜名称（一）》（GB/T 8854—1988）、《中国蔬菜栽培学》《中国农业百科全书：蔬菜卷》《中国蔬菜品种志》《全国工农业产品（商品、物资）分类与代码》（GB/T 7635—1987）、《蔬菜计算机编码 蔬菜商品分类和代码》（SB/T 10029—1992）等，编制成《蔬菜名称及计算机编码》（NY/T 1741—2009）。该标准收录了15大类232种蔬菜。距NY/T 1741—2009标准发布已有10余年过去了，蔬菜种类又有了新的增长，以最保守的估计，当前的蔬菜种类不会少于250种。

二、蔬菜的分类

（一）古代的分类

在远古时期先民已将植物分成草本和木本，在蔬菜范围内将草本蔬菜分为"疏"和"蓏"两类，其中"蓏"特指果类蔬菜，古代"疏"和"蓏"并称，即为蔬菜的总称，等同于今日的"菜"和"瓜"之称。

明代李时珍（1518—1593）在《本草纲目》中按照形态特征、品质特性和生长环境等因素的异同，将蔬菜分为三部七类，即：

蔬部： 荤辛、蓏菜、柔滑、芝栭和水菜；

果部： 水果类；

谷部： 菽豆类。

至清代，康熙四十七年（1708）汪灏将明代王象晋所著《广群芳谱》进行了修编，将蔬菜分成三谱十一类，即：

蔬谱： 荤辛、园蔬、水蔬、野蔬、食根、食实、菌属、奇蔬和杂蔬；

果谱： 水果；

谷谱： 菽豆。

这里的荤辛指葱、蒜、韭、薤；园蔬、野蔬分别指人工栽培蔬菜和野生蔬菜；水蔬指莼菜、水芹等河、湖及浅海的水生叶类蔬菜；食根、食实指根类和果实类蔬菜，如萝卜、菜瓜等；菌属指野生的可食菌类；奇蔬指珍稀的蔬菜，有今日特菜的含义；杂蔬则是蔬谱中不好分类蔬菜的总称；水果指荸荠、莲藕、菱角等水生的果实类蔬菜；菽豆指豆类蔬菜。

（二）近代的分类（植物学分类）

18世纪人类已认识了18000多种植物，对众多的植物进行分类显得十分重要。瑞典植物学家卡尔·冯·林奈（Carl von Linné，1707—1778）等开始研究植物分类，提出了自然分类方法。此后，各国学者在其研究基础上，陆续对本国各种植物的起源、分布与传播做了大量考察与研究，创立了门、纲、目、科、属、种、变种分类系统。人们利用这一科学的分类系统，建立了蔬菜的植物分类学。据资料显示，中国植物科学者采用植物分类学方法，对中国栽培蔬菜涉及的45科150多种、野生蔬菜涉及的30多科100多种进行了分类编纂。2004年，集全国80余家教学科研单位的312位作者和164位绘图人员80余年的积累，历经45年辛勤工作完成的《中国植物志》由科学出版社出版。全书80卷126册，计3000多万字，是世界各国已出版的植物志中种类数量最多的一部，书中涵盖了当前中国蔬菜的全部种类。

（三）农业生物学分类

目前中国蔬菜园艺学者依照农业生物学分类法将蔬菜分为根茎类、绿叶类、白菜类、甘蓝类、芥菜类、薯芋类、葱蒜类、茄果类、瓜类、豆类、水生类、多年生类、食用菌类及野生蔬菜，共14类（《中国蔬菜栽培学》，1987）；后来又增加一类芽菜，共15类［《中国蔬菜栽培学（修订版）》，2008］，根据这种方法分类的一些常见蔬菜见下表。目前蔬菜的分类主要有植物学分类、食用器官分类、农业生物学分类三种方法。

常见的蔬菜

种类	主要蔬菜
根茎类蔬菜	萝卜、胡萝卜、芜菁甘蓝、根芹菜、美洲防风、根甜菜、婆罗门参、牛菊、牛蒡
白菜类蔬菜	大白菜、小白菜、乌塌菜、紫菜薹、菜心、菜薹
甘蓝类蔬菜	结球甘蓝、菜花、西蓝花、球茎甘蓝、芥蓝、抱子甘蓝、羽衣甘蓝
芥菜类蔬菜	根芥菜、叶芥菜、茎芥菜
茄果类蔬菜	番茄、茄子、辣椒、甜椒、酸浆、香瓜茄
豆类蔬菜	菜豆、豇豆、扁豆、莱豆、蚕豆、刀豆、豌豆、四棱豆、菜用大豆、藜豆
瓜类蔬菜	黄瓜、冬瓜、南瓜、笋瓜、西葫芦、西瓜、甜瓜、越瓜、菜瓜、丝瓜、苦瓜、瓠瓜、节瓜、蛇瓜、佛手瓜
葱蒜类蔬菜	大葱、洋葱、大蒜、蒜黄、韭菜、薤头、韭葱、细香葱、分葱、楼葱
绿叶类蔬菜	菠菜、芹菜、莴苣、莴笋、蕹菜、茴香、球茎茴香、苋菜、芫荽、叶甜菜、茼蒿、荠菜、冬寒菜、落葵、番杏、金花菜、紫背天葵、罗勒、榆钱菠菜、薄荷、菊苣、苦荬菜、紫苏、香芹菜、苦苣、菊花脑、莳萝、苜蓿
薯芋类蔬菜	马铃薯、山药、姜、芋、豆薯、甘薯、魔芋、草石蚕、葛、菊芋、蕉芋
水生类蔬菜	莲藕、茭白、慈姑、荸荠、芡、菱、豆瓣菜、莼菜、水芹、蒲菜
海藻类蔬菜	海带、紫菜、石花菜、麒麟菜、鹿角菜
其他蔬菜	黄花菜、百合、草莓、石刁柏、辣根、朝鲜蓟、蘘荷、霸王花、食用大黄、款冬、黄秋葵、食用菊、玉米、量天尺
芽类蔬菜	种芽菜：绿豆芽、大豆芽、黑豆芽、萝卜芽、香椿芽、荞麦芽、苜蓿芽、豌豆苗、蚕豆芽 体芽菜：香椿、花椒芽、柳芽、刺五加芽、龙牙楤木、守宫木芽、茶树芽、佛手瓜梢、辣椒梢、豌豆尖、南瓜梢、地瓜梢、落葵梢、藤三七梢、枸杞、石刁柏、竹笋、姜芽、芽球菊苣、马兰头、芦笋
野生蔬菜	蕨菜、薇菜、发菜、马齿苋、蔊菜、车前草、蒌蒿、马兰、蕺菜、沙芥

三、蔬菜简史

（一）根茎类蔬菜

具有可食用的肥大肉质直根的一类蔬菜，统称为根茎类蔬菜。此类蔬菜主要包括十字花科（Cruciferae）的萝卜、芜菁、芜菁甘蓝、山葵，伞形科（Umbelliferae）的胡萝卜、根芹菜、美洲防风，菊科（Compositae）的牛蒡、黑婆罗门参、婆罗门参；藜科（Chenopodiaceae）的根甜菜等。中国栽培广泛的根茎类蔬菜是萝卜、胡萝卜，次之为芜菁甘蓝、牛蒡、芜菁等，根甜菜、根芹菜、山葵、美洲防风、婆罗门参等只有少量种植。

① 萝卜

英文名：Radish
拉丁名：*Raphanus sativus* L.
别　名：莱菔、芦菔等
科　属：十字花科萝卜属

萝卜（Radish）为十字花科萝卜属，能形成肥大肉质根的二年生草本植物。

关于萝卜的起源有多种说法，现今一般认为萝卜起源于地中海东部及亚洲中、西部，原始种为生长在欧亚温暖地域的野生萝卜。卡尔·冯·林奈（Carl von Linné）在其著作中曾明确指出，中国为萝卜的原产地。萝卜是世界上古老的栽培作物之一，远在4500年以前，萝卜已成为埃及的重要食品。中国栽培萝卜的历史悠久，《尔雅》（公元前300—公元前200）对萝卜有明确的释意，称之为葖、芦萉（菔）、紫花大根，俗称雹葖，又名紫花菘。北魏贾思勰所著《齐民要术》（533—544）中已有萝卜栽培方法的记载。到唐代，将上古的"芦菔"转称为"莱菔"，其称谓始见于唐高宗显庆四年（659）问世的《唐本草》。此后，"莱菔"成了萝卜当时的正式称呼。"萝卜"一名最早见于元代，《王祯农书》载："芦菔一名莱菔，又名雹葖，今俗呼萝卜"。元代之后，萝卜已转为俗名而多见于各种文献书籍，如《农桑辑要》《农书》等。至明代，得到李时珍（1518—1593）的确认，"萝卜"一名一直沿用至今。

萝卜在世界各地均有种植，欧洲、美洲国家以小型萝卜为主，亚洲国家以大型萝卜为主，尤以中国、日本栽培普遍。日本的萝卜是由中国传入，日语"萝卜"古称"カヲノ"，即有"唐物"之意。

英文名：Carrot

拉丁名：*Daucus carota* L. var. *sativa* Hoffm.

别　名：红萝卜、番萝卜、丁香萝卜、胡芦菔金、赤珊瑚、黄根、甘笋等

科　属：伞形科胡萝卜属

② 胡萝卜

　　胡萝卜（Carrot）为伞形花科胡萝卜属，能形成肥大肉质根的野胡萝种胡萝卜变种，二年生草本植物。

　　胡萝卜起源于近东和中亚地区，已有几千年的栽培历史。但是，现代品种的原始祖先并不是黄橙色，而是淡紫色甚至近黑色。阿富汗为紫色胡萝卜最早的演化中心，栽培历史在2000年以上。现代品种的黄色根是来源于缺少花青素的变异品种，10世纪胡萝卜从伊朗传入欧洲大陆，驯化发展成短圆锥橘黄色欧洲生态型，15世纪英国已有栽培。中世纪欧洲人开始将胡萝卜用作食品，成为人们饮食中不可缺少的食物。17世纪初期，欧洲农业科学家专门研究了黄橙色胡萝卜品种的发展，最后停止了紫色品种的生产，但是在近东地区至今仍种植紫色品种。大约在同一时期，胡萝卜传入日本和北美洲。

　　在历史上，胡萝卜曾多次引入我国。汉武帝时（公元前156—公元前87）张骞通西域打通了丝绸之路，其后紫色胡萝卜首次传入我国。由于那时胡萝卜根细、质劣，又有一股特殊气味，加之它所具有的医药和食用功能尚未被人认知，所以在相当长的时间内未能引起人们的注意。12、13世纪宋元时期，胡萝卜再次沿着丝绸之路传入中国，其后在北方逐渐选育形成了黄、红两种颜色的中国长根生态型胡萝卜。起初它只是作为药用植物而被收入南宋时期重新修订的药典中。继而在元初，司农司又将其列入官修的农书《农桑辑要》中，作为蔬菜正式加以介绍。元朝时因受中亚地区饮食文化的影响，对胡萝卜有了较为深入的认识。后来通过长期的实践和探索，胡萝卜的品质和功能引起世人的关注，并逐渐为社会所认同，从而为以后的推广栽培奠定了基础。

英文名：Turnip
拉丁名：*Brassica campestris* L. ssp. *rapifera* Matzg
别　名：蔓菁、圆根、盘菜、诸葛菜、大头菜、圆菜头、恰玛古等
科　属：十字花科芸薹属

芜菁（Turnip）为十字花科芸薹属一年生或二年生草本植物。

芜菁起源于野生的芸薹属植物，由油用亚种ssp. *okifera*演化而来，其演化地域包括从欧洲、中亚到中国的广大欧亚地区，而起源中心则在地中海沿岸及阿富汗、巴基斯坦、外高加索等国家和地区。古希腊人和古罗马人种植芜菁，并培植了多个品种。当时，很多农民靠缺少营养的膳食生活，仅以芜菁充饥。人们相信，是古罗马人将这种蔬菜带到北欧各地，在那里既用作人类的食物，也作为牲畜和羊群的饲料。法国有许多芜菁种质资源，而斯堪的纳维亚半岛各国大量栽培饲用种。美洲栽培的芜菁由欧洲引入，在亚洲（阿富汗、伊朗、日本等国）也普遍栽培。

我国栽培芜菁的历史可以追溯到距今六七千年的新石器时期，考古人员曾在西安的半坡村遗址发现过芜菁类植物的种子。到了汉代，我国中原地区已普遍栽培芜菁。三国时期诸葛亮把中原地区的栽培技术传播到我国西南高寒地区。《尚书》的《夏书·禹贡》篇中记有"菁"，即今日的"蔓菁"。公元154年，汉桓帝诏曰："横水为灾，五谷不登，令所伤郡国皆种芜菁，以助民食"。可见，东汉时已普遍种植芜菁。北魏贾思勰所著《齐民要术》（533—544）中有芜菁栽培方法的详细记载。我国的华北、西北、云、贵、江、浙等地栽培芜菁的历史较长，但随着新的蔬菜品种的引进及栽培制度的变革，芜菁的种植已显著减少。

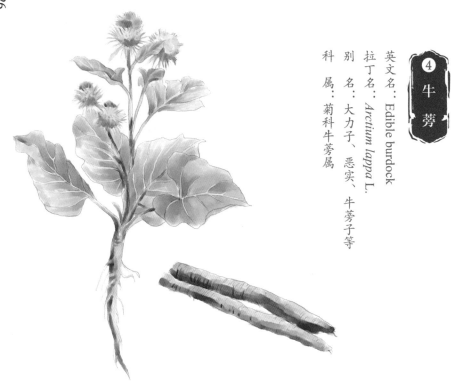

英文名：Edible burdock
拉丁名：Arctium lappa L.
别　名：大力子、恶实、牛蒡子等
科　属：菊科牛蒡属

④ 牛蒡

　　牛蒡（Edible burdock）为菊科牛蒡属二年生或三年生草本植物，以肉质根、叶柄和嫩叶供食用。由于牛蒡肉质根的外观很像长萝卜，而皮色暗黑，又称其为"黑萝卜"；因日本人喜食牛蒡，还有人将其称为"东洋萝卜"。

　　牛蒡原产于亚洲，我国自古以来南北各地均有野生牛蒡分布，最初以其种子作为药材使用。940年前后牛蒡由我国传入日本，在日本经过选育，培育出了很多新品种。1937年左右以肉质根供食用的新品种从日本引入我国，现在国内大城市均有少量栽培。牛蒡的名称始见于南北朝时期陶弘景（456—536）所著的《名医别录》，古人将其取名为"牛蒡"，是以"牛"喻指其枝叶粗壮，以"蒡"喻指其野外丛生。我国采食其根的记录不迟于唐代，《四时纂要》（韩鄂，生卒年不详）中记载："八月已后即取根食"。孟诜（621—713）所著《食疗本草》也说："根，作脯食之良"。到了明初，朱橚（1361—1425）所著《救荒本草》记载牛蒡的根可作为蔬菜食用。该书还描述了野生牛蒡肉质根的形态："根长尺余，粗如拇指，其色灰黲"。由此看来，当时野生牛蒡的肉质根直径不过2厘米，长度也只有30～40厘米。现在新型的根用牛蒡，根的长度已达60～100厘米，乃至更长，直径也增至3～4厘米。

英文名：Table beet

拉丁名：*Beta vulgaris* L. var. *rapacea* L.

别　名：红菜头、火焰菜等

科　属：藜科甜菜属

⑤ 根甜菜

根甜菜（Table beet）为藜科甜菜属能形成肥大肉质根的一个变种，二年生草本植物。肉质根富含糖分和矿物质，并含有花青素苷，呈鲜艳颜色。甜菜起源于地中海沿岸，有根甜菜和叶甜菜等变种。公元前4世纪古罗马人已食用叶甜菜，其后在食谱中又增加了根甜菜；公元14世纪英国已栽培根甜菜；1557年德国有根甜菜的描述；1800年传到美国。

最早人们认为，根甜菜是在明清时期从海路传入我国的。有的蔬菜专著曾断言"根甜菜不见于明代以前的中国文献"，但史料证明早在元代根甜菜即已传入我国。元代忽思慧（生卒年不详）在其所著的《饮膳正要》"菜品"节中已列有"出莙荙儿"的名目，该条末端还附有注释："即'莙荙根'也"。"莙荙"原是叶甜菜波斯语称谓"gundar"的音译名称。"莙荙根"即指根甜菜，而"出莙荙儿"应是其引入地域波斯语称谓的音译名称。《饮膳正要》问世于元文宗天历三年（1330），由此可以断定根甜菜引入我国的时间应不迟于14世纪初叶；考虑到苏联学者阿加波夫（С. И. Агаиов）认定最晚12世纪根甜菜已传入中国，可以推断根甜菜可能是在12世纪至14世纪的宋元时期从中亚地区沿着丝绸之路引入我国。

根甜菜是欧美地区人们喜食的一种蔬菜，现在我国一些大中城市的郊区有少量栽培，常用于西餐。根甜菜有时写作"根莙菜"或"甜菜根"，现在我国采用"根甜菜"为正式名称。

（二）白菜类蔬菜

　　白菜类蔬菜是十字花科（Cruciferae）芸薹属（*Brassica*）芸薹种（*B.campestris* L.）中的栽培亚种群，包括白菜亚种［ssp. *chinensis*（L.）Makino］、大白菜亚种［ssp. *pekinensis*（Lour）Olsson］和芜菁亚种（ssp. *rapifera* Metzg）。随着栽培历史的发展，在这些亚种中又有变种、类型及其品种的逐渐分化，已成为中国栽培蔬菜中庞大的亚种、变种及其品种的群体。

① 大白菜

英文名：Chinese cabbage

拉丁名：*Brassica campestris* L. ssp. *pekinensis* (Lour.) Olsson

别　名：黄芽菜、菘菜、卷心白菜、结球白菜、白菜等

科　属：十字花科芸薹属

大白菜（Chinese cabbage）又称结球白菜，原产中国，古代称为"黄芽菜"。其栽培历史远晚于芜菁及白菜。周代《诗经》只有"葑"（即芜菁、萝卜和芥菜的总称）的记载，南朝《南齐书》记载有白菜栽培，称为"菘"。宋代苏颂所著《本草图经》载："扬州一种菘，叶圆而大，或若箄，啖之无渣"。到唐代《新修本草》才提到不结球的散叶大白菜，称为"牛肚菘"。南宋咸淳四年（1268）《临安志》载有"黄芽菜"，但此黄芽菜是指在防寒措施下生产出的产品。明代《学圃杂疏》中记载的"黄芽菜"虽不是在防寒措施下的产品，但也不是真正的结球白菜，而是指花心大白菜。清顺治十六年（1659）河南《胙城县志》中著录的"黄芽菜"才是自然包心的大白菜。到清康熙二十四年（1685），张吉午等纂修的《康熙顺天府志》中才有关于类似现今大白菜性状及栽培方法的记载。之后，大白菜在河南、河北、山东等地普遍栽培，并迅速向全国各地发展。清代吴其濬撰《植物名实图考》（1848）中，对大白菜的特点有详细的描述和绘图。

清代后期，经广大菜农的精心培育，南北各地相继出现了一些不同的大白菜品种。有一些品种，如核桃纹、青麻叶、黄京白等至今仍有栽培。而"黄芽菜"这一名称已降为大白菜的一个品种。19世纪70年代，大白菜传入日本。19世纪后期，东南亚、欧美等一些地区先后引种，我国的大白菜开始走向世界。为尊重这一事实，大白菜的英文名称定为"Chinese cabbage"。

英文名：Baby bok choy
拉丁名：*Brassica campestris* L. ssp. *chinensis* (L.)
别　名：普通白菜、青菜、油菜等
科　属：十字花科芸薹属

②小白菜

小白菜（Baby bok choy）为十字花科芸薹属芸薹白菜亚种的一个变种。

中国古代将十字花科芸薹属蔬菜统称"葑"，晋代嵇含撰《南方草木状》中提出"菘"的名称，汉、晋之间"菘"与"葑"同义，均指芸薹属蔬菜，将芜菁、萝卜、油菜、黄芽菜都包括在"菘"之类。至北魏贾思勰撰《齐民要术》（533—544）中才加以细分，指出："种菘、芦菔法，与芜菁同"。小白菜在南北朝栽培已相当广泛，并由南向北转移。南北朝时期陶弘景撰《名医别录》（456—536）记述菘菜有莲花白、箭杆白、杵杓白三种，说明当时菘菜已分化出不同的类型。在宋代更加普遍。至明代李时珍《本草纲目》（1552—1578）中指出："菘，即今人呼为白菜者，……一种茎圆厚微青，一种茎扁薄而白。"可见当时白菜中已有青梗和白梗类型。明代以前，白菜主要在长江下游太湖地区栽培，明清时期才迅速成为全国各地栽培的主要蔬菜。在同一时期，长江下游太湖地区常将播种不久的不结球白菜采收供食，特名之为"小白菜"或"鸡毛菜"。

虽然小白菜在古籍上多有记载，但学者对于小白菜的起源问题，还是意见不一。最初的说法，认为小白菜原产于中国，但后又有两种新的说法：一种是说小白菜原产于地中海沿岸，在2世纪以前，由中亚经伊朗、阿富汗传到中国；一种说法是在6世纪由巴尔干高原经北欧、西伯利亚传入中国。这两种意见至少可以说明，中国是小白菜的次起源中心。小白菜于1875年传到日本，20世纪中叶传到欧美等国家和地区。

科　属：十字花科芸薹属

别　名：塌菜、塌棵菜、塌地松、黑菜、黑桃乌等

拉丁名：*Brassica campestris* L. ssp. *chinensis* (L.) Makino var. *rosularis* Tsen et Lee

英文名：Wuta-tsai

❸ 乌塌菜

乌塌菜（Wuta-tsai）为十字花科芸薹属芸薹种白菜亚种的一个变种，以墨绿色叶片为菜的二年生草本植物。学名*Brassica campestris* L. ssp. *chinensis* (L.) Makino var. *rosularis* Tsen et Lee，英文名采用中文音译"Wuta-cai"为Wuta-tsai。由此可见此菜原产于中国。乌塌菜由芸薹进化而来，其生物学特性与普通白菜接近，宋代、明代的有关文献中已有记载。乌塌菜主要分布在我国长江流域，春节前后收获，以经霜雪后味甜、鲜美而著称。

安徽省江淮地区是乌塌菜的著名产区。安徽省江淮地区冬季气温低，白菜性不耐寒，在此地难以露地越冬。而苏州一带在南宋时培育成功的塌地型白菜，由于莲座叶塌地生长，在低温季节夜间地面散热，叶丛附近温度较高，能减轻低温危害，耐寒性较强；叶片中叶绿素含量较高，在日间温度较低时也能维持较强的光合作用而缓慢生长。明代中叶以后该品种传到皖东，称为"乌青菜"。到清代，安徽省不少地方都有栽培，名为"乌白菜""乌菜""乌菘菜"或"黑白菜"等。由于这种叶色深绿的塌地型白菜在江淮地区可以露地越冬，深受当地群众的欢迎，故而栽培较多。在江淮地区经过相当时间的定向培育，到清代后期已形成不同的品种。发展到现代，乌塌菜已是安徽省江淮地区的当家菜。乌塌菜的类型和主要品种：

塌地类型：叶丛塌地，叶椭圆形，墨绿色。叶面微皱，全缘，向外翻转。叶柄浅绿色、扁平。代表品种有常州乌塌菜。

半塌地类型：叶丛半直立，叶圆形，墨绿色。叶面皱褶、全缘，叶尖外翻，翻转部分黄色。代表品种有南京瓢儿菜，又名"菊花心"。

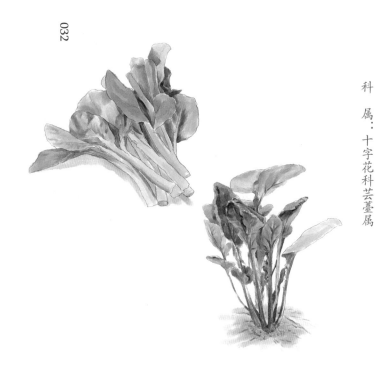

英文名：Flowering Chinese cabbage

拉丁名：*Brassica rapa* var. *chinensis* '*Parachinensis*'

别　名：大股子、菜心等

科　属：十字花科芸薹属

④ 菜薹

菜薹（Flowering Chinese cabbage）为十字花科芸薹属芸薹种白菜亚种的变种。起源于中国，由白菜易抽薹材料经长期选择和栽培驯化而来。

明清时期，太湖地区培育出很多白菜的类型与品种，白菜在全国各地传播以后，通过自然杂交、人工选择、生态环境的影响和栽培方式的改变，产生了频繁的变异，形成了菜薹变种和薹菜变种。菜薹又称"薹用白菜"，因以抽薹的嫩花茎和花器供食，故名"薹菜"。依据其产品的形态特征分别称为青菜薹和紫菜薹。南宋时培育成功的菜薹，是主要以花茎入蔬的薹心。至明代发展成蔬油兼用作物，春初取花茎入蔬，称为"薹心菜""薹菜"或"菜薹"；夏初收籽榨油，名"油菜"。并逐渐向长江沿岸及其以南各省区发展。薹心发展到其他地区后，由于自然环境和人们习惯的不同而发生了变化。有的地方以油用为主，较少采食花茎。而两广地区则不采籽榨油，专以花茎入蔬，经过定向培育成为中国的特产蔬菜"菜心"。两广地区在开始时，仍沿用"薹心菜"这个名称，后来才产生当地的地方名称"菜心"。"菜心"一名首次见于道光二十一年（1841），见于广东《新会县志》。现在菜心是华南地区的主要栽培蔬菜之一，可以周年栽培。

紫菜薹又名"红菜薹"，因其花薹呈紫红色而得名，由芸薹演化而来。《本草纲目》（1552—1578）有记载。紫菜薹主产地在湖北武汉和四川成都等地，尤以"洪山紫菜薹"最为有名。

（三）甘蓝类蔬菜

　　甘蓝类蔬菜是十字花科（Cruciferae）芸薹属（*Brassica*）的一年生或二年生草本植物，包括甘蓝（*Brassica oleracea* L.）及其变种：结球甘蓝（var. *capitata* L.）、羽衣甘蓝（var. *acephala* DC.）、抱子甘蓝（var. *germmifera* Zenk.）、球茎甘蓝（var. *caulorapa* DC.）、皱叶甘蓝（var. *bullata* DC.）、赤球甘蓝（var. *rubra* DC.）、花椰菜（var. *botrytis* L.）、青花菜（var. *italica* Plenck.）和芥蓝（*B. alboglabra* L. H. Bailey）。其中，皱叶甘蓝、赤球甘蓝的球形、栽培技术与结球甘蓝相近，中国有少量栽培。

英文名：Ball cabbage

拉丁名：*Brassica oleracea* L. var. *capitata* L.

别　名：圆白菜、高丽菜、包菜、包心菜、莲花菜、洋白菜、卷心菜等

科　属：十字花科芸薹属

① 结球甘蓝

　　结球甘蓝（Ball cabbage）为十字花科芸薹属甘蓝种中能形成叶球的一个变种。结球甘蓝起源于地中海至北海沿岸，由不结球野生甘蓝演化而来。

　　9世纪，一些不结球的甘蓝类型已成为欧洲国家广泛种植的蔬菜。经人工选择，13世纪欧洲开始出现结球甘蓝类型，16世纪开始传入我国。清代吴其濬在道光二十八年（1848）编撰的《植物名实图考》中，将结球甘蓝称为"葵花白菜"，并对其特点有详细的描述和绘图。蒋名川先生（1903—1996）在20世纪50年代考证认为甘蓝传入中国是在清康熙二十九年（1690），比《植物名实图考》记载早158年。结球甘蓝传入中国的途径，根据叶静渊先生撰写的《我国结球甘蓝的引种史——与蒋名川同志商榷》一文，认为主要有三条途径：其一是中国云南和缅甸之间；其二是经由俄罗斯传入黑龙江省；其三是由新疆传入。除以上三条途径外，还有从我国台湾和东北沿海一带引进的。中国现在栽培的结球甘蓝，基本上都是在16世纪下半叶或稍后从西亚经由新疆天山南麓传入的。起初仅于北方，特别是西北各省的个别府县栽培。19世纪上半叶山西栽培已较普遍，其后传至四川、湖北及云贵等地。20世纪初，结球甘蓝从北方传到长江中下游一带。而遍及全国各省区大面积栽培，则是近60～70年间的事。

　　20世纪50年代，利用自交不亲和系配制甘蓝一代杂种的方法在日本获得成功后，日本及欧美一些国家和地区广泛使用甘蓝杂交种。20世纪70年代以来，中国甘蓝杂种优势育种也得到迅速发展，优良的结球甘蓝一代杂种得到广泛的应用。中国农业科学院蔬菜花卉研究所方智远院士对上述成果做出了重要的贡献。

② 菜花

英文名：Cauliflower

拉丁名：*Brassica oleracea L. var. botrytis L.*

别　名：花菜、花椰菜、椰菜花、开花菜等

科　属：十字花科芸薹属

菜花（Cauliflower）为十字花科芸薹属甘蓝种中以花球为产品的一个变种，一年生或二年生草本植物。菜花由野生甘蓝演化而来。演化中心在地中海东部沿岸。

1490年热那亚人将菜花从黎凡特（Levant）、塞浦路斯引入意大利，在那不勒斯湾周围地区繁殖种植；17世纪传到德国、法国和英国；1822年由英国传至印度；19世纪中叶传入中国南方；1875年传到日本。

清朝末年朝廷在北京兴建了一个新型的农事试验场。从19世纪末叶到20世纪初期，通过当时的驻外使节征集到许多境外的新型蔬菜种子。其中包括从意大利、德国和荷兰等欧洲国家引进的菜花，当时称其为"大花菜"。清光绪三十二年（1906）在荷兰海牙曾举办过一届"万国农务赛会"，当时的清朝驻荷使节钱恂曾派人从中选购了四种"花菜"种子，其后连同其他种子一起寄回北京。钱恂在其报送"花菜"种子的公文中曾介绍说："查叶菜自第一至第四为'花菜'。上海颇有种者，在荷兰此菜有名，当胜他种。"从此段公文中可以了解到此前上海业已引种过这些"花菜"。结合1959年出版的《上海蔬菜品种志》所称："花椰菜在本市栽培已有70余年"等相关文字推算，我国上海自欧美引入菜花的时间不应迟于19世纪的70年代至80年代。吴耕民先生1936年出版的《蔬菜园艺学》一书载有菜花章节，并明确指出："我国尚未普及，而知之者亦不多"。由此可见，菜花在中国普遍栽培的历史迄今不过百年。

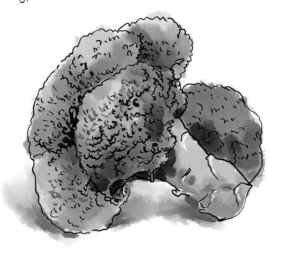

英文名：Broccoli

拉丁名：*Brassica oleracea* L. var. *italica* Plenck

别　名：绿花菜、青花菜、西兰花、木立花椰菜、罗马花椰菜等

科　属：十字花科芸薹属

西蓝花（Broccoli）为十字花科芸薹属一年生或二年生草本甘蓝类蔬菜，以花球供食用。西蓝花的产品器官是由肉质的花茎、小花梗以及花蕾共同组成的，其花球较松散，外观呈绿色或紫色。

西蓝花是普通甘蓝的变种。其演化中心位于地中海沿岸地区。有专家认为，西蓝花起源于亚洲迈诺尔附近，后在意大利种植并且得到发展，最后引种到欧洲北部和不列颠群岛。故早期青花菜名称有"意大利甘蓝""意大利花椰菜""意大利花菜""意大利笋菜""意大利芥蓝""西西里紫花椰菜"等称谓。据菲利普·米勒（Philip Miller）《园艺学辞典》（1724）记载，1660年有嫩茎花菜和意大利笋菜等名称，与菜花名称相棍淆。卡尔·冯·林奈（Carl von Linné）也曾将西蓝花归入菜花内。1829年斯威兹尔（Switzer）才将西蓝花从菜花中分出，成为一个独立的变种。西蓝花栽培历史较短，但发展很快，英国、意大利、法国和荷兰等广为种植。大约从19世纪中叶以后，西蓝花相继从欧洲和美国引入中国。先在我国上海、台湾和北京落户，继而在南方以及其他大中城市推广种植。20世纪中后期又从美国、欧洲和日本等地引进一代杂种等优良品种。作为高档蔬菜，现在福建、云南、广东、台湾、江苏、浙江、海南、上海和北京等地均有栽培，主要供应秋冬市场。

西蓝花有青花和紫花类型，按成熟期分有早、中、晚熟类型。美国、日本等国家利用自交不亲和系育成一代杂种品种，提高了西蓝花的品质和广泛的适应性。

英文名：Chinese kale

拉丁名：*Brassica alboglabra* Bailey

别　名：芥兰、白花芥兰、白花芥蓝、白花甘蓝等

科　属：十字花科芸薹属

④ 芥蓝

　　芥蓝（Chinese kale）为十字花科芸薹属中以花薹为产品的一年生或二年生草本植物。中国特产蔬菜，以肥嫩的花薹和嫩叶供食用。芥蓝起源于中国南部，主要分布在广东、广西、福建和台湾等省区，北京、上海、南京、杭州等地有少量栽培，已传入日本及东南亚各国，以及欧洲、美洲和大洋洲等地。

　　芥蓝古称蓝菜。据文献记载，早在7世纪初唐时期就已见到有关芥蓝的著录，清代吴震方的《岭南杂记》记载：佛教禅宗六祖惠能法师（638—713）早年未出家时曾在广东地区以打猎为生。为了奉养老母，他便在做饭的锅里用芥蓝把荤腥和野菜分开，自己只吃素食。因此芥蓝得到"隔蓝"的异称。由此还可以推知，至少在7世纪芥蓝就已在我国南方出现了。这比以前认为的8世纪广州已有芥蓝栽培的说法提早了100年。到了11世纪的北宋时期，诗人苏轼（1037—1101）还对其甘辛、鲜美的品味留下过"芥蓝如菌蕈，脆美牙颊响"的赞誉。13世纪至14世纪的金元时期，芥蓝曾是我国北方一些地区夏季的主要蔬菜。

　　芥蓝有白花和黄花两种，分别称为"白花芥蓝"和"黄花芥蓝"。在遗传学领域，芥蓝的白色花属显性性状。据专家研究，白花芥蓝是由黄花芥蓝经过基因突变选育而成的。白花芥蓝的分枝较少，品质最为柔软甘美，南方地区可常年供应，还出口中国香港、澳门地区。孙中山先生生前就很喜欢食用芥蓝。

⑤ 抱子甘蓝

科　　属：十字花科芸薹属

别　　名：小圆白菜、小卷心菜、芽卷心菜、芽甘蓝等

拉丁名：*Brassica oleracea* L. var. *gemmifera* Zenker

英文名：Brussels sprouts

　　抱子甘蓝（Brussels sprouts）为十字花科芸薹属甘蓝种中腋芽形成小叶球的变种，二年生草本植物。抱子甘蓝植株的叶片稍狭，呈勺子形。茎直立，顶芽开展并不形成叶球，但其腋芽可以形成许多绿色的小叶球。由于生长在叶腋间的叶球很像是一位多产的母亲同时拥抱着为数众多的子女那样，所以被称为"抱子甘蓝"。

　　抱子甘蓝原产地中海沿岸，由甘蓝进化而来。而在日本，人们习惯采用汉字"子持"来表述相同的意境，因此又称"子持甘蓝"。抱子甘蓝于18世纪才在欧洲问世，其最早出现在比利时的布鲁塞尔，俄罗斯和美国的抱子甘蓝是从比利时引进的，因而"抱子甘蓝"的俄文名称即以其引入地域的名称比利时首都布鲁塞尔来命名，称其为"布鲁塞尔甘蓝"或"布鲁塞尔卷心菜"。自19世纪始，抱子甘蓝逐渐成为欧洲、北美洲国家的重要蔬菜，在英国、德国和法国等国家种植面积较大 。清末，抱子甘蓝由荷兰引入中国，最初在北京西郊的农事试验场试种，其后又多次从日本等地引入，现在北京、上海等全国大中城市近郊均有小面积栽培。20世纪30年代，中国学者颜纶泽在《蔬菜大全》（商务印书馆，1936）一书中则称其为"姬甘蓝"，其中的"姬"原有"小妾"的含义，借此喻指其叶球小而多的特征。

　　抱子甘蓝按其叶球的大小可分成两种：直径大于4厘米的"大球"种，称"大抱子甘蓝"；直径小于4厘米的"小球"种，称"小抱子甘蓝"。据说法国人和意大利人分别喜欢前者和后者，但一般认为小抱子甘蓝的品质较佳。

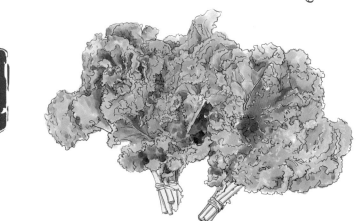

英文名：Kales

拉丁名：*Brassica oleracea var. acephala DC.*

别　名：绿叶甘蓝、牡丹菜等

科　属：十字花科芸薹属

⑥ 羽衣甘蓝

羽衣甘蓝（Kales）为十字花科芸薹属甘蓝种中以嫩叶供食的一个变种。羽衣甘蓝的叶片肥厚，边缘有羽状深裂，形似羽毛，故被誉称"羽衣甘蓝"。

羽衣甘蓝是更接近野生甘蓝的一种甘蓝类蔬菜，因为在老加图（Cato the Elder，公元前243—公元前149）的著作中曾提到过它，是一种重要的植物。早在13世纪结球甘蓝出现以前，羽衣甘蓝在地中海沿岸地区就已被驯化，并为人们所利用。在结球甘蓝出现之前，羽衣甘蓝在该地区被称为"甘蓝"。由于羽衣甘蓝成熟的叶片较硬且富含纤维，因而推广其作为人类食物总是受到限制。故此，早期曾培育出好多用来作为动物饲料的品种。到中世纪期间，羽衣甘蓝终于成为欧洲农民的一种主要栽培蔬菜。羽衣甘蓝是在19世纪由英国移民带入美国的，但由于羽衣甘蓝不耐炎热气候，在美国弗吉尼亚州以南很少种植。清朝末期，羽衣甘蓝从欧洲的荷兰引入我国。最初在北京西郊的农事试验场落户，其后又从日本等地多次引进。20世纪后期，羽衣甘蓝在北京和上海等大中城市有了较多的栽培，尤其是观赏羽衣甘蓝，品种更为丰富。

羽衣甘蓝除有作为蔬菜食用的品种外，还有用于观赏用的羽衣甘蓝。吴耕民先生1936年出版的《蔬菜园艺学》一书载有羽衣甘蓝章节，并介绍了一个既可食用又可观赏的品种："Purple为美国种，叶卷缩，紫红色，美丽而品质佳，亦可作盆栽。"

（四）芥菜类蔬菜

芥菜类蔬菜是十字花科（Cruciferae）芸薹属（Brassica）芥菜种（*Brassica juncea* L.）中的栽培种群，在中国栽培历史悠久。世界各国至今均以子芥菜作为油料作物，唯有中国演化出以根、茎、叶、薹供食的丰富的芥菜蔬菜类型。

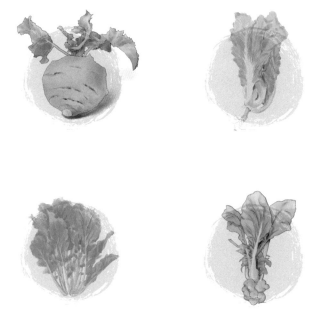

英文名：Root mustard

拉丁名：*Brassica juncea* Coss. var. *megarrhiza* Tsen et Lee

别　名：大头菜、芥菜疙瘩等

科　属：十字花科芸薹属

① 根用芥菜

　　根用芥菜（Root mustard）简称根芥菜，十字花科芸薹属芥菜种中以肉质根为产品的变种，是由起源于小亚细亚半岛和伊朗的黑芥与起源于地中海沿岸的芸薹进行杂交形成的异源四倍体植物。根用芥菜是在明代培育而成的，明代王世懋的《学圃杂疏》（1587）和李时珍的《本草纲目》（1552—1578）中均有介绍。根用芥菜在全国多地都有栽培，"大头菜"一名多用于南方地区，而"芥菜疙瘩"则多用于北方地区。清代后期，广东的一些地方常于农历九月采桑后，在桑树行间播种大头菜，至次年二月桑叶萌动时采收，以供加工食用。长成的大头菜重者可达5千克，因其植株叶片簇生，有如冲天的长势，俗称"冲菜"。

　　根用芥菜自古以来多用于盐渍加工，具体加工方法各地不一，因而不少地方都形成了一些当地特有的名产品。如北京六必居的"酱疙瘩"、四川的"大头菜"、云南的"玫瑰大头菜"等。

❷ 叶用芥菜

英文名：Leaf mustard

拉丁名：*Brassica juncea* Coss. var. *faliosa* Bailey

别　名：青菜、腊菜、春菜等

科　属：十字花科芸薹属

　　叶用芥菜（Leaf mustard）简称叶芥菜，十字花科芸薹属芥菜种中以叶或叶球为产品的变种。叶用芥菜原产中国，自古栽培，分布南北各地，是芥菜中适应性较强的一个变种。清代吴其濬（1789—1847）撰写的《植物名实图考》记载："芥，别录上品，有青芥、紫芥、白芥，又有南芥、旋芥、花芥、石芥。南土多芥，种类殊群。"《上海县志》记载："有矮小者曰黄芽芥，更有细叶扁心名银丝芥。"

　　叶用芥菜按照外观形态的差异又可细分成大叶芥菜、卷心芥菜、长柄芥菜、瘤叶芥菜、分蘖芥菜、包心芥菜、花叶芥菜和紫叶芥菜等多种类型。叶用芥菜的适应性极为广泛，在南方可以常年栽培。人们将其中专门供应春季、夏季和冬季市场的品类分别称为"春菜""夏菜"和"冬菜"。冬菜又称"腊菜"，这是因为农历十二月又称"腊月"的缘故。据李时珍《本草纲目》（1552—1578）记载，按照供应季节的名称来命名的习俗早在明代就已流行了。

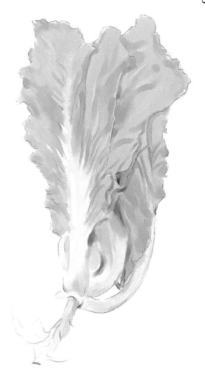

　　叶用芥菜中的分蘖芥菜又称"雪里蕻"。其称谓可见于明代王磐的《野菜谱》（1521）："有菜名'雪里蕻'，雪深，诸菜冻损，此菜独青。"说明早在明代这种芥菜在浙江、福建一带已实现以露地越冬的方式进行栽培了。分蘖芥菜因其具有"隆冬遇霜不凋，暮春迎风不老"的特性又被称为"春不老"。"春不老"的称谓始见于明代王世懋的《学圃杂疏·蔬疏》（1587），其中介绍说："芥多种，以'春不老'为第一。"后来，其腌渍制品也被称为"春不老"。明代除京城以外，直隶保定（今河北保定）也是此种蔬菜的著名产地，流传至今的民谚"保定府有三样宝：铁球、面酱、春不老"就是明证。相传光绪二十九年（1903），慈禧太后携光绪拜谒西陵时，途经保定，当地官员以春不老献礼，慈禧吃后赞不绝口，赐名"备瓮菜"，意为百姓家必不可少的常备菜。

　　南充冬菜，于短缩茎处纵剖，上架晒晾。中心叶变黄、菜心萎缩时取下修剪。分老叶、嫩叶和菜尖三部分。加盐揉菜，适时翻动，三个月后装坛密封。南充冬菜以菜尖为原料，放置2～3年者为佳。

③ 茎用芥菜

英文名：Stem mustard

拉丁名：*Brassica juncea var. tsatsai* Mao

别　名：青菜头、芥菜头、包包菜、羊角菜等

科　属：十字花科芸薹属

　　茎用芥菜（Stem mustard）简称茎芥菜，十字花科芸薹属芥菜种中以肉质茎为产品的变种。茎用芥菜是中国特产蔬菜，由叶用芥菜演化而来，演化中心在中国四川省。长江两岸的涪陵、万县、重庆等地为主产区。

　　茎用芥菜由短缩茎伸长、膨大而成。其肉质茎可分成两类：一类呈拳状、圆形，节间有瘤状突起，适宜腌渍加工制成榨菜；另一类呈棍棒状或羊角状，常用于鲜食。"榨菜"得名源自加工设备。最初进行腌制加工时需用"木榨"压除多余的水分。"鲜榨菜""榨菜毛"两称谓中的"鲜"和"毛"分别特指"生鲜"和"毛坯"，两字都有加工原料的含义，而其加工制品的名称有时也可用来借指其原料，所以也被简称为"榨菜"。榨菜是以茎用芥菜中一种茎瘤芥的瘤茎作原料，经过专门加工腌制而成的腌菜食品。18世纪初叶，涪陵长江沿岸已有茎瘤芥的栽培，将它制成榨菜则始于清光绪二十四年（1898）。次年，涪陵人邱寿安开始进行批量商业加工并投放市场，但至清末还处于独家经营状态，直至民国初才迅速传开，至20世纪20年代形成一大行业，其后历久不衰，至今已逾百年。现"涪陵榨菜"驰名中外。

　　茎用芥菜拉丁文学名的变种加词"tsatsai"即为"榨菜"之意，这是1936年由我国的园艺学家毛宗良先生所命名的。

（五）茄果类蔬菜

茄果类蔬菜包括番茄、茄子、辣椒、酸浆、香瓜茄等，其中番茄、茄子、辣椒是中国最主要的果菜，香艳茄只在河北、山西等有极少量栽培。茄果类蔬菜由于产量高，生长及供应的季节长，经济利用范围广泛，全国各地区普遍栽培。

英文名：Tomato

拉丁名：*Lycopersicon esculentum* Miller.

别　名：番柿、西红柿、蕃柿、小番茄、狼茄等

科　属：茄科茄属

番茄（Tomato）又称西红柿，茄科茄属，以成熟浆果为食的蔬菜。原产南美洲，包括今日的秘鲁、厄瓜多尔和玻利维亚等国。

西班牙人赫南·科特斯（Hernan Cortes）于1532年征服墨西哥之后将其带回国。到1540年，西班牙人开始陆续种植番茄。1570年左右，番茄以"金苹果"之名传至北欧。英国人种植番茄始于1590年，1811年出版的德文《植物学辞典》中，已有番茄可供食用的记载。沙皇时代的俄罗斯很晚才开始种植番茄，直到1783年，在克里米亚地区的人们才最初认识番茄，之后番茄从克里米亚地区传到乌克兰。17世纪中叶，番茄由西方传教士带入中国。在1708年成书的《广群芳谱》最早记载了番茄。至清光绪年间，北京农事试验场开始种植番茄。我国著名园艺学家吴耕民先生1921年从法国佛尔莫朗引进番茄种子，1922年开始种植番茄，吴耕民先生1936年所著《蔬菜园艺学》中记载："西红柿引入我国，在当时近数十年内，未盛行栽培，仅大都会附近有之"。早在1950年前，北京南郊的西红门村就开始种植蔬菜，据村里老人讲：早年间村里从未种过西红柿，1950年村北头胡姓人家开始种植西红柿，但没人敢吃。直到1955年，村民孟繁章将种植的西红柿送到城里去卖，才开启北京郊区农户大面积种植西红柿的历史。今天算起来，也只有60余年的时间。

英文名：Pepper

拉丁名：*Capsicum annuum* L.

别　名：牛角椒、长辣椒、菜椒、灯笼椒等

科　属：茄科辣椒属

❷ 辣椒

辣椒（Pepper）为茄科辣椒属以辣味浆果为产品的蔬菜，原产于中南美洲热带地区。现在栽培的辣椒和甜椒的祖先是产在中南美洲的一种野生辣椒。

考古学家在墨西哥的特瓦茨发现了公元前5000年的辣椒种子化石，并证实早在7000年前，美洲的阿兹特克人已开始栽培辣椒。1493年，随着哥伦布探险归来，辣椒被引入欧洲，作为当时从亚洲进口的昂贵的黑胡椒的代用品。辣椒在世界广泛传播，西班牙和葡萄牙的船队发挥了巨大作用。16世纪初，辣椒传入印度和东南亚。1583年，辣椒传入日本。辣椒传入中国的途径有两条：一经丝绸之路，在甘肃、陕西等地栽培；一经海路，在广东、广西、云南等地栽培。其时间不会早于1578年，因成书于1578年的《本草纲目》中未见有辣椒的记载，但其时间也不会晚于1590年，明代高濂撰写的《遵生八笺》（1591）一书中已有辣椒的记述。

补充知识

甜椒是辣椒属中的一个变种，由辣椒在北美演化而来。甜椒传到欧洲的时间比辣椒晚，18世纪后半叶从保加利亚引入俄罗斯，中国引入的时间约在19世纪末。

英文名：Eggplant

拉丁名：Solanum melongena L.

别　名：矮瓜、白茄、吊菜子、落苏、紫茄等

科　属：茄科茄属

3 茄子

茄子（Eggplant）为茄科茄属以浆果为产品的蔬菜，起源于亚洲东南热带地区。野生种果实小且味苦，经长期栽培驯化，风味改善，果实变大，至今印度仍有茄子的野生种和近缘种。

现代的茄子是原产于印度的一种或几种亲缘关系密切的野生种茄子的改良变种。早在公元前5世纪，中国已经开始种植茄子。因而有学者认为，中国是茄子的第二起源地。在南北朝时期栽培的茄子为圆形，与野生的茄子相似。到元朝，已有长形的茄子。远在中世纪以前，阿拉伯人和波斯人把茄子传入非洲，于14世纪又从非洲传入意大利。到16世纪，欧洲南部已普遍栽培。17世纪遍及欧洲中部，后传入美洲。有记载表明，17世纪末巴西已开始种植茄子。日本栽培的茄子则是18世纪由中国引入的。

茄子古称"伽子"，西汉杨雄作《蜀都赋》有"盛冬育笋，旧菜有伽"之句。表明当时在蜀中已引入叫"伽"的新型蔬菜。唐朝中叶，将茄子称为"落苏"，意为熟食茄子如同品尝"酪酥"一样绵软可口。明代李时珍在《本草纲目》中将茄子列为菜部中果菜首位。至此，"茄子"称谓最终定为正名。西晋嵇含撰写的植物学著作《南方草木状》中说，华南一带有茄树，这是中国有关茄子的最早记载。至宋代苏颂撰写的《图经本草》记述：当时南北除有紫茄、白茄、水茄外，江南一带还种有藤茄。茄子在全世界都有分布，以亚洲栽培最多，占世界总产量74%左右；欧洲次之，占14%左右。中国各地均有栽培，为夏季主要蔬菜之一。

茄子的"茄"是梵文音译，原本这个字在中文中都读"jia"，比如在上海话中茄子的发音为"gazi"，番茄的发音为"fanga"。而在印度，伽蓝、楞伽的"伽"都读"qie"，说明茄和这些词的印度词源关联。而词源学也可以从一个侧面证明，茄子是从印度传过来的。

英文名：Melon pear
拉丁名：*Solanum muricatum* Ait.
别　名：人参果、长寿果、凤果、艳果等
科　属：茄科茄属

❹ 香瓜茄

香瓜茄（Melon pear）为茄科茄属，是一种茄科多年生蔬菜、水果兼观赏型草本植物。原产于哥伦比亚和智利安第斯山温带地区及秘鲁、厄瓜多尔等国家。

香瓜茄于1785年传入英国，1882年引种到美国。1975年我国台湾原住民镇西堡部落牧师阿栋到加拿大参加"世界原住民会议"时，为改善族人生活，特地带回部落试种。台湾始有香瓜茄生产，澎湖农民习惯将香瓜茄称为"杨梅"。大陆于20世纪80年代开始引入，北京市农林科学院蔬菜研究中心1988年从新西兰引进。经有关科研院（所）的试种研究，先后在各地示范种植，并积累了较为丰富的经验。香瓜茄在我国曾一度被称为香艳茄、香艳芒果、金参果、长寿果、紫香茄、甜茄、香瓜梨、香艳梨等。虽其别名甚多，但实为一物。这可能是因我国刚引进时，各地取名不一导致的。从植物分类学上讲，应叫"茄瓜""香瓜茄"或"香艳茄"比较确切。但因其确有一定的营养保健和祛病益寿的作用，故又称其为"人参果"。自从启用"人参果"这个吉祥的名字后，即在社会上产生了很大的影响，激发了人们的好奇感，这可能是因《西游记》在中国广有影响之故。

香瓜茄推广中最主要的问题是其含糖量低，口味不太好。因此，国内一些科研单位对香瓜茄进行了选育，成功地培育出了含糖量高的新品种，其含糖量为6%～9%，味道甜，口感好，受到人们的欢迎。目前可选择的品种主要有"长丽""大紫""阿斯卡"等。其中，"长丽"经由北京市农业技术推广站选育，1999年通过北京市农作物品种审定委员会认定。

⑤ 酸浆

酸浆（Husk tomato）为茄科酸浆属多年生宿根草本植物，茄果类蔬菜。酸浆原产于中国和南美洲，日本、朝鲜也均有分布，常生长在村旁、路边及山坡荒地。我国南北方均有野生种。

公元前300年的古籍《尔雅·释草》中已有著录，称"葴"，注有："葴，寒浆也。"其后历代《本草》多有收载。晋代崔豹《古今注》中称酸浆为"苦葴""苦蘵"，并在《草木第六》中载："苦葴始生青，熟则赤。里有实，正圆如珠……长安儿童谓为洛神珠"。成书于宋嘉祐二至五年（1057—1060）的《嘉祐补注本草》[1]称酸浆为"苦耽"。"耽"音"丹"，原指下垂的耳朵，借以喻指酸浆果实外面宿存的萼片。《本草衍义》（1116，宋政和六年）云："酸浆，今天下皆有之。苗如天茄子（龙葵），开小白花，结青壳，熟则深红，壳中子大如樱，亦红色，樱中复有细子如落苏（茄）之子，食之有青草气。此即苦耽也。"《本草纲目》旧版"草部"第十六卷"草之五"明确记载："燕京野果名红姑娘，外垂降囊，中含赤子如珠，酸甘可食……"

我国酸浆栽培以东北地区较广，类型多种。主要品种有引自法国的黄果酸浆，俗称"洋姑娘"。黄果酸浆原产于中南美洲，后由法国引入，并进行了品种改良。黄果酸浆果型较大，食用价值较高，风味酸甜。另一种是引自日本的红果酸浆，别称"红姑娘""挂金灯"，原产亚洲。日本红姑娘果形较小，口感风味逊色于法国黄果酸浆。

1　《嘉祐补注本草》简称《嘉祐本草》。——编者注

（六）豆类蔬菜

豆类蔬菜为豆科（Leguminosae）中以嫩豆荚或嫩豆粒作为蔬菜食用的栽培种群，除亚热带生长的四棱豆与多花菜豆为多年生外，其余均为一年生或二年生草本植物，有6000年以上栽培历史，一些种类起源于中国。其中，经济价值与营养价值较高的有菜豆、豇豆、菜用大豆、豌豆、蚕豆、扁豆、刀豆、黎豆、莱豆、多花菜豆、四棱豆共11种，分属9个属。

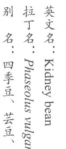

英文名：Kidney bean
拉丁名：*Phaseolus vulgaris* L.
别　名：四季豆、芸豆、玉豆等
科　属：豆科菜豆属

菜豆（Kidney bean）为豆科菜豆属中的栽培种，以嫩荚果和种子供食。菜豆起源于美洲中部和南部。据考古证实大约7000年前，墨西哥的瓦特坎-奎卡特兰谷地和秘鲁的科莱约·德·瓦伊拉斯印第安人就种植这种蔬菜。显然，这种菜豆是从一个普通野生种分别在两个地区驯化栽培的。分别驯化的结果是：在墨西哥形成浅色、小籽粒品种；在秘鲁形成深色、大籽粒品种。菜豆通过印第安人的迁徙逐渐传播到整个美洲。16世纪的西班牙探险者将菜豆带到欧洲。

菜豆是由葡萄牙和西班牙的探险者和商人传播到世界各地的。16世纪西班牙人和葡萄牙人将其带到非洲，大约在明代后期由印度引入中国。明万历二十四年（1596）李时珍撰写的《本草纲目》中对此豆已有记载。在引入的初期，由于菜豆亦以嫩荚入蔬，故常与扁豆、豇豆等中国原有的豆类蔬菜相混淆。清光绪三十二年（1906），清政府农工商部在北京西直门外乐善园、继园及附近官地成立农事试验场。该场由国外引进一批新型蔬菜，其中包括光绪三十三年（1907）驻美国和奥地利的临时代办周自齐和吴宗濂分别由所在国购进的"菜豆"种子。清顺治十一年（1654）中国隐元禅师归化日本时把菜豆带到日本，称为"隐元豆""唐豆"。

"菜豆"本为豆类蔬菜的泛称，如《清末北京志资料》载："菜豆：俗称'洋扁豆'，取未熟之荚进行各种调理。"清代宫廷名点"芸豆卷"就是采用菜豆种子做成的。

英文名：Asparagus bean

拉丁名：*Vigna unguiculata* (L.) Walp.

别　名：豆角、长豆角、裙带豆等

科　属：豆科豇豆属

豇豆（Asparagus bean）为豆科豇豆属一年生缠绕、草质藤本或近直立草本植物。

苏联著名生物学家瓦维洛夫（Vavilov）提出非洲东北部和印度为豇豆的第一起源中心，中国为第二起源中心。目前，多数人则认为非洲埃塞俄比亚为起源中心。维尔德科特（Verdcourt，1970）认为 *V. ungulculata* 有5个亚种，其中ssp. Deklndtiana Harms是非洲热带草原区和埃塞俄比亚的野生种；ssp. *mensis* 为非洲森林区的野生种。普通豇豆（ssp. *unquiculata* W., syn. *V. sinensis*）是由ssp. *dektndtiana* 在非洲驯化而成。于公元前1500—公元前1000年传入亚洲和印度，并演化出矮豇豆（ssp. *cylindrica*, syn. *V. cntjang*）和长豇豆（ssp. *sesquipedalis*, syn. *V. sinensis* var. *sesquipedalis*）这两个亚种。其后从印度传到南亚和远东，再转入欧洲。

豇豆在中国最早记载见于3世纪初张揖所撰《广雅》。《广雅》一书是继《尔雅》和《说文解字》之后中国的一部重要的解释词义的专著，而在东汉前期许慎（约58—147）编纂的《说文解字》中未见"豇豆"的相关记载。由此可以推论，"豇豆"约在东汉后期沿丝绸之路引入中国。6世纪的南北朝时期，我国南北地区已有少量栽培，最初人们将其列入"小豆"系列。贾思勰在《齐民要术》（533—544）一书中提及小豆时，曾列出"豇豆"的名称。当时以其种子作为粮食用。从隋至宋的漫长岁月里，我国的古籍中只有关于"短荚豇豆"性状的描述。到了元代才有关于"长荚豇豆"的记载。明代以后随着品种类型的增多，以及栽培技术的普及，豇豆逐渐成为"嫩时充菜，老则收子""以菜为主，菜粮兼用"类型的豆类作物。李时珍在《本草纲目》中称道："此豆可菜、可果、可谷，乃豆中上品"。清初诗人吴伟业（1609—1672）曾写过豇豆诗："绿畦过骤雨，细束小虹鲵。锦带千条结，银刀一寸齐。贫家随饭熟，饷客借糕题。五色南山豆，几成桃李溪。"从这首诗我们可以想象这样的场景：一场急来春雨过后，彩云一条条布在天空。豇豆如同千条锦带一样飘荡园子里。贫家用豇豆做好糕点款待客人（成熟豇豆可以做豆沙，入糕点做馅），客人吃得很高兴，心情很舒畅。

英文名：Hyacinth bean
拉丁名：*Lablab purpureus*（L.）Sweet
别　名：蛾眉豆、眉豆、鹊儿豆、沿篱豆等
科　属：豆科扁豆属

③ 扁豆

　　扁豆（Hyacinth bean）为豆科扁豆属以嫩荚果供食用的一个栽培种，原产于亚洲南部，印度自古栽培。

　　自从西汉开辟丝绸之路以后加强了我国与南亚地区的交流。大约在3世纪的魏晋时期，扁豆传入我国。到了南北朝时期，陶弘景（456—536）的《名医别录》中已有"藊豆"记载，但当时是作为药用的。唐、宋、元的农书中未见有扁豆的记载。北宋时期苏颂（1020—1101）所著《本草图经》说：藊豆"花有紫、白两色"。南宋诗人杨万里有"道边篱落聊遮眼，白白红红藊豆花"诗句，可以看出当初扁豆只是农家沿篱笆种植而已，很少在大田栽培。直到明清的《农政全书》和《农桑经》，才有记载扁豆的栽培方法。因此，推测扁豆栽培可能在梁代以前，而普遍食用豆荚大约在南宋时期。

　　几个世纪以来，经由探险家、商人将扁豆带到非洲、亚洲、中美洲和印度群岛等干旱地区，传入美洲的时间约在19世纪初。现在扁豆的栽培已遍及世界各地，经过长期的选育，扁豆形成了许多变种。其中包括在我国长期生长繁衍的紫花扁豆和白花扁豆。目前，除青海和西藏等高寒地区之外，我国南北各地都有栽培。

④ 蚕豆

英文名：Broad bean

拉丁名：*Vicia faba* L.

别　名：胡豆、罗汉豆、佛豆、兰花豆、
南豆、坚豆等

科　属：豆科野豌豆属

蚕豆（Broad bean）为豆科豌豆属结荚果的栽培种，一年生或越年生草本植物。一些学者认为蚕豆原产于亚洲西南，后传播到非洲北部一带，传播途径有四条：传入欧洲；沿北非海岸到西班牙，再由西班牙传到南美；沿尼罗河到埃塞俄比亚；从美索不达米亚到印度。第二起源中心为阿富汗和埃塞俄比亚。

明代李时珍《本草纲目》认为公元前138年，张骞出使西域带回的"胡豆"种子就是今天的蚕豆，并说"蜀人呼此为胡豆，而豌豆不复名胡豆矣"。按照李时珍的说法，蚕豆自汉代便已传入中国。20世纪50年代末，在浙江吴兴钱山漾新石器时代晚期遗址中出土了蚕豆籽粒，说明中国在四五千年前就已栽培蚕豆。结合目前在云南还有野生蚕豆分布，或可得出中国也是起源地之一的结论。蚕豆最早的明确记载是北宋的《益部方物略记》和《本草图经》，前者所载四川物产"佛豆"中说："豆粒甚大而坚，农夫不甚种，唯圃中莳以为利"，后者比较详细地描述了蚕豆的形状。蚕豆在宋代的著作中极少提到，《王祯农书》更把蚕豆和豌豆混为一谈，可见蚕豆在宋元时种植得还不太普遍。明代的情况有所不同，约成书于永乐间由朱橚撰写的《救荒本草》（1403—1406）载："蚕豆今处处有之"。明代宋应星所著《天工开物》载："襄、汉上流，此豆甚多而贱，果腹之功不啻黍稷也。"清代《多稼集》记载：江浙一带因"蚕豆得春花之最早，立夏荐新"，是"七热之一"而"人喜嗜之"，故普遍种植。综上所述，蚕豆约在汉代经丝绸之路传入中国，明代已广为种植。

英文名：Vegetable pea

拉丁名：*Pisum sativum* L.

别　名：青豆、麦豌豆、豆、荷兰豆、麦豆、寒豆等

科　属：豆科豌豆属

⑤ 豌豆

　　豌豆（Vegetable pea）为豆科豌豆属一年生攀援草本植物，以嫩荚或籽粒供食。豌豆是从紫花豌豆经过几个世纪的选育而形成的，这一理论的根据是豌豆没有野生的，而在格鲁吉亚有野生的紫花豌豆。

　　苏联著名生物学瓦维洛夫（Vavilov）认为豌豆的起源中心为埃塞俄比亚、地中海地区和中亚，演化次中心为近东。也有人认为起源于高加索南部至伊朗。豌豆由原产地向东首先传入印度北部，经中亚到中国，16世纪传入日本，1800年后引入美国。豌豆是古老作物之一，在近东新石器时代（公元前7000年）和瑞士湖居人遗址中发掘出碳化小粒豌豆种子，表面光滑，近似现今的栽培类型。最早的豌豆有近东的耐干燥型和地中海沿岸的湿润型两类，前者可能是栽培品种的祖先。古希腊人和古罗马人公元前就栽培褐色小粒豌豆，雅利安人将豌豆传到欧洲和南亚，16世纪欧洲开始分化出粒用、蔓生和矮生等品种，并较早普及菜用豌豆。

　　中国在汉代引入小粒豌豆。东汉崔寔编著的《四民月令》中已有栽培豌豆的记载。唐代韩鄂撰《四时纂要》中有"九月种豌豆"之句，当时的豌豆可能用于杂粮。元初《务本新书》中记载："豌豆，二三月种。诸豆之中，豌豆最为耐陈，又收多、熟早。如近城郭，摘豆角卖，先可变物"，才见有吃豌豆嫩荚的记载。16世纪后期高濂所著《遵生八笺》中有"寒豆芽"的制作方法和做菜用的记述（寒豆即豌豆）。19世纪中开始采食豌豆苗，清代吴其濬编写的《植物名实图考》中有"豌豆苗作蔬极美，蜀中谓之豌豆颠颠"，说出了豌豆苗的鲜美；并有"固始有患疥者，每日摘食之，以为能去湿解毒，试之良验"，附加给了豌豆药用价值，说明当时人们对它的研究还是比较深入的。"豌豆颠颠"即成都人喜食的"豌豆尖"。

6 四棱豆

英文名：Winged bean

拉丁名：*Psophocarpus tetragonolobus*（L.）DC.

别　名：翼豆、杨桃豆、翅豆、四稔豆、四角豆、皇帝豆等

科　属：豆科四棱豆属

　　四棱豆（Winged bean）为豆科四棱豆属，一年生或多年生缠绕蔓生草本植物，嫩荚、块根、种子、嫩梢和嫩叶均可食用，以食用嫩荚为主。

　　四棱豆起源于热带非洲和东南亚地区的雨林地带。至今热带非洲仍有野生种。四棱豆在巴布亚新几内亚和缅甸有较大规模生产，在东南亚、印度、孟加拉和斯里兰卡广泛栽培。19世纪从马来西亚、新加坡和菲律宾引入中国。

　　四棱豆属中只有*Psophocarpus tetragonolobus*（L.）DC.为栽培种，分为印尼品系和巴布亚新几内亚品系。中国栽培的四棱豆多属于印尼品系，在东南沿海地区有1000多年的栽培历史，主要分布在云南、广西、广东、海南、台湾等地。1989年在全国范围内推广试种，先后在湖南、浙江、江苏、安徽等省试种成功。近年来，四棱豆的栽培区域渐次向北方地区扩展，在北方大城市近郊有零星种植，位列稀特蔬菜。

　　美国等多个国家对四棱豆非常重视，四棱豆含多种氨基酸，且氨基酸组成合理，其中赖氨酸含量比大豆还高，并含有丰富的脂肪、膳食纤维。其维生素E、胡萝卜素、铁、钙、锌、磷、钾等成分的含量尤为惊人，远远超过其他蔬菜。因此，四棱豆被认为是有助于解决今后人类粮食及蛋白质不足问题的作物。

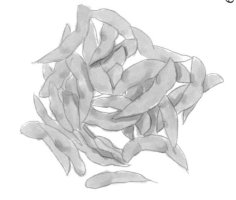

英文名：Soya bean
拉丁名：*Glycine max*
（L.）Merr.
别　名：毛豆、菽
（古称）等
科　属：豆科大豆属

⑦菜用大豆

　　菜用大豆（Soya bean）为豆科大豆属中的一个栽培种，以豆粒供食，鲜、干豆粒均可菜用。因其荚上有细毛，人们俗称为"毛豆"。古语只称菽，自西汉（公元前2世纪）始改称为大豆。

　　中国是大豆的原产地，也是最早驯化和种植大豆的国家，栽培的历史至少已有4000年的历史。《史记·周本纪》中记载周始祖后稷幼年"好种树麻、菽，麻、菽美"。传说中的后稷大致生活在尧舜时期，说明中国在原始社会末期已经栽培大豆。卜辞中贞问"受菽年"而系有月份的，目前已发现有两片，说明最迟商代已有大豆栽培。吉林乌拉街出土的碳化大豆，经鉴定距今已有2600年，为东周时的实物。《诗经·小雅·小苑》（公元前1064—公元前511）中有"中原有菽，庶民采之"的记载。《氾胜之书》（公元前37—公元前32）有收获豆粒和以嫩叶（藿）为菜的记载。马王堆汉墓出土的161号竹简上记载有"黄卷一石，缣囊一笥合"。

　　中国大豆在公元前开始向世界各国传播。公元前2世纪，华北的大豆传到朝鲜。7世纪时，大豆从中国传入日本。16—17世纪传入印度、印度尼西亚和越南。德国植物学家凯姆普弗尔（Kaempfer）于17世纪首次将大豆带到欧洲，咸丰五年（1885）法国驻中国的一位领事又从中国引种了大豆。光绪元年（1875），大豆相继输出到奥地利和匈牙利。大豆于1804年被引进美国。清同治十二年（1873）在奥地利首都维也纳举办的"万国博览会"上首次展出中国大豆后，更加速了其向世界各地的传播。1903年起，我国东北地区的大豆开始大宗出口，成为享誉全球的农产品。现在一些外国大豆名字的发音都由中国大豆古名"菽"的译音而来，如拉丁文*soja*、法文soya、英文soy等，间接证明了中国是大豆的原产地。1918年第一次世界大战后，欧美各国开始普遍种植大豆。20世纪30年代，北美对大豆种植更加重视。当时，美国和加拿大的农业科研机构通过杂交和选育，在发展和改良大豆品种方面进行了合作，进一步推动了世界性的大豆生产。

（七）瓜类蔬菜

瓜类蔬菜属葫芦科一年生或多年生攀缘性草本植物，包括黄瓜、甜瓜、越瓜、菜瓜、西瓜、南瓜、笋瓜、西葫芦、冬瓜、节瓜、丝瓜、苦瓜、瓠瓜、佛手瓜、蛇瓜等，主要以幼嫩或成熟的果实作为食用器官，少数瓜类植株的嫩梢及花也可食用。食用瓜类中的多数种类都有悠久的栽培历史，种质资源丰富，种类繁多、栽培面积大而且分布广泛，是世界各国的主要蔬菜作物，在生产和消费上占有重要位置。

英文名：Cucumber

拉丁名：*Cucumis sativus* L.

别　名：胡瓜、青瓜、吊瓜、刺瓜等

科　属：葫芦科黄瓜属

① 黄瓜

　　黄瓜（Cucumber）为葫芦科黄瓜属中幼果具刺的瓜类蔬菜。一般认为黄瓜原产于喜马拉雅山南麓的印度北部地区，但在东南亚考古发现了12000年前的黄瓜种子，因而有学者认为黄瓜起源于东南亚，其后传入中亚和印度。西汉以后，黄瓜分别从北、南两路传入中国。北魏贾思勰《齐民要术·种瓜》："种越瓜胡瓜法：四月中种之。胡瓜宜竖柴木，令引蔓缘之"，当时称为"胡瓜"。"黄瓜"一名首次着录见于《本草拾遗》。据明代李时珍考证，北路黄瓜是由西汉时的张骞经由中亚地区沿着丝绸之路引入；南路黄瓜则从南亚经由我国西南地区引入。由西域引入北方的黄瓜，逐渐演变成华北栽培型黄瓜。其特点是果型细长、皮薄色绿、瘤密多刺。而由南亚引入南方的黄瓜，逐渐演变成华南栽培型黄瓜。其特点是果实圆筒形、皮厚色浅、味淡。有关黄瓜品种，明代以前的典籍中未见涉及。明代的文献中仅笼统说有长数寸者，有长1～2尺者。至清代，品种见多。清后期的典籍中明确指出，黄瓜有早、中、晚熟的品种。

　　黄瓜古称"胡瓜"。东晋、十六国时期，石勒建立的后赵政权将"胡瓜"改成"黄瓜"；但到唐代，古籍中多将"黄瓜"称为"胡瓜"。千百年来，在中国"黄瓜""胡瓜"称谓交替变换，体现了历史的演变。凡汉族居统治地位的时期，多以古称"胡瓜"为正名。凡少数民族居统治地位的时期，其官方均以"黄瓜"为正名。今天以"黄瓜"为正式名称，体现了中华民族的大团结。

② 西瓜

英文名：Watermelon

拉丁名：*Citrullus lanatus* (Thunb.) Matsum. et Nakai

别　名：夏瓜、寒瓜、青门绿玉房等

科　属：葫芦科西瓜属

西瓜（Watermelon）为葫芦科西瓜属中的栽培种，是一种果蔬兼用型的蔬菜。

西瓜起源于非洲南部的卡拉哈里沙漠地带，现该地仍有野生种质资源。埃及5000～6000年前已有栽培，有研究表明在有历史记载前就已传入印度。西瓜是经由中亚沿古丝绸之路传入中国的，其传入的时间应不迟于10世纪的五代时期。宋代欧阳修编著的《新五代史·四夷附录》（946—953）载胡峤《陷虏记》云："自上京东去四十里，至真珠寨，始食菜。明日，东行，地势渐高，西望平地松林郁然数十里。遂入平川，多草木，始食西瓜，云契丹破回纥得此种，以牛粪覆棚而种，大如中国冬瓜而味甘。"此西瓜移植东方之始也。在内蒙古敖汉旗辽墓发现的《墓主人宴饮图》上，有西瓜和其他水果的画面。小方桌的黑色圆盘上放了三个西瓜，另一个竹编盘里放着石榴、梨、杏及枣子。这些表明西瓜传入中国后，先在"回纥"（今新疆地区）落户，后由契丹族引入东北和内蒙古地区，元代以后才逐渐传入中原一带。到南宋孝宗淳熙十三年（1186），黄河以南广大地区已广种西瓜。因而在南宋诗人范成大的诗中有"年来处处食西瓜"之句。1579年西瓜由中国传入日本，而传入英国则是在1597年以后了。

西瓜子炒熟味道鲜美，是一种大众化的消闲食品，专用于炒瓜子的籽西瓜又称"打瓜"。打瓜在我国栽培较普遍，但以山东胶州产者为最佳，故瓜子有"胶丁"之称。

英文名：Wax gourd

拉丁名：Benincasa hispida Cogn.

别　名：白瓜、瓠子瓜、枕瓜等

科　属：葫芦科冬瓜属

　　冬瓜（Wax gourd）为葫芦科冬瓜属一年生蔓生或架生草本植物。起源于中国和东印度，广泛分布于亚洲的热带、亚热带及温带地区。北魏以前的古书上，从《诗经》《夏小正》，特别是汉代的《泛胜之书》和崔寔的《四民月令》中所提到的"瓜"是统称，很难区分是哪一种瓜。因此，冬瓜起源于何时尚无定论。

　　"冬瓜"的称谓始见于3世纪初的三国时期，当时它已出现在魏代张揖所著《广雅》一书中。《齐民要术》（533—544）中记述了冬瓜的栽培及腌渍方法。9世纪的唐代后朝，相当于日本的奈良时代，冬瓜从我国传入日本。日本冠以引入地域的标识"唐"来命名，将冬瓜称为"唐冬瓜"。16世纪从印度传入欧洲，19世纪由法国传入美国，20世纪70年代以后由中国传入非洲。至今，冬瓜栽培仍以中国、东南亚和印度等地为主。

　　在我国云南省西双版纳有野生的冬瓜种，瓜体只有小碗大，味苦，傣族叫它"麻巴闷烘"，思茅一带叫"小墩""罗锅底"。冬瓜的类型有两种，一种是本冬瓜，又称白冬瓜，圆筒形，白粉多，胎座空腔大；一种是洋冬瓜，又称青皮冬瓜，长椭圆形，白粉少，内无空腔。冬瓜和节瓜都是葫芦科，冬瓜属瓜类蔬菜，节瓜是冬瓜的变种，其栽培历史不迟于17世纪的明清之交。现在我国广东、广西、海南、福建、台湾，乃至北京、上海等地均有栽培。美洲有华侨聚居的地方也有少量栽培。

英文名：Marrow

拉丁名：*Cucurbita pepo* L.

别　名：荸瓜、白瓜、角瓜、菜瓜等

科　属：葫芦科南瓜属

4 西葫芦

西葫芦（Marrow）为葫芦科南瓜属中叶片具少量白斑、果柄五棱形的栽培种。其野生种起源于墨西哥和危地马拉之间的边界附近，而后传播到北美和南美。

美国范德堡大学（Vanderbilt University）的Tom Dillehay等在安第斯山脉附近进行的考古挖掘发现了距今1万年的西葫芦种子。约公元前8000年，在墨西哥开始作为食用蔬菜，当时这种瓜果仅含有少量的苦味果肉。印第安人主要为得到瓜子而收集野生西葫芦。经过几个世纪，出现了果肉多、味道较好的突变植株。拉丁美洲的阿兹特克人、印加人和玛雅人将西葫芦同菜豆和玉米种在一起。哥伦布是看到这种生长在西印度群岛的瓜果的第一个白种人，时间在1492年。其他早期的美洲探险家注意到在玉米行间广泛种植西葫芦的方法，西葫芦瓜藤常常爬到玉米秆上或由印第安人做环状剥皮后而死去的小树主干上。后来，法国教会牧师马凯特（Marquette，1637—1675）注意到，伊利诺伊州的印第安人在太阳下把西葫芦切成条晒干来保藏，甚至有些印第安人在炖肉中放进西葫芦的花。上述记载表明，早在哥伦布发现新大陆之前，当地原住民已掌握了西葫芦栽培技术，栽培的西葫芦为蔓生品种。北美洲种植西葫芦的历史应早于欧洲。清代吴其濬成书于1848年的《植物名实图考》卷六"南瓜"条目中有："又有番瓜，类南瓜，皮黑无棱，近多种之。"此描述可证明西葫芦传播到中国不会晚于19世纪中叶。

西葫芦有一个变种叫作"搅丝瓜"，该变种老熟后果皮和果肉均为黄色，经蒸煮后用筷子搅动果肉可成丝状，炒食、凉拌味道均为佳美。

英文名：Luffa
拉丁名：*Luffa aegyptiaca Miller.*
别　名：胜瓜、菜瓜、水瓜等
科　属：葫芦科丝瓜属

⑤ 丝瓜

丝瓜（Luffa）为葫芦科丝瓜属，有普通丝瓜和有棱丝瓜两个栽培种，一年生攀缘性草本植物。普通丝瓜又称水瓜、天罗、布瓜等，分布地域较广，南北均有栽培。有棱丝瓜又称胜瓜、絮瓜、角瓜等。南方栽培较多，以广东最多，故又称"粤丝"。丝瓜起源于热带亚洲，分布在亚洲、大洋洲、非洲和美洲的热带和亚热带地区。

著名园艺专家吴耕民（1896—1991）在其著作《蔬菜园艺学》（1936）中认为丝瓜原产印度，且在200年前印度已有栽培。据云南植物所考察报道，在我国云南西双版纳发现有野生丝瓜资源。我国历史上最早记载丝瓜的应该是南宋中期陆游的《老学庵笔记》："丝瓜涤砚磨洗，余渍皆尽而不损砚"。以及宋代杜北山的《咏丝瓜》："寂寥篱户入泉声，不见山容亦自清。数日雨晴秋草长，丝瓜沿上瓦墙生。"说明丝瓜最迟应该在北宋或者五代时期引进。明代李时珍在其《本草纲目》中对丝瓜种植有详尽的描述："丝瓜……二月下种，生苗引蔓……"，说明丝瓜在明代已成为常见的蔬菜。丝瓜在古代还被称为"蛮瓜"。"蛮"在我国古代通指南方边远之地，"蛮瓜"一称表明丝瓜传入中国的途径是由南向北。

丝瓜约16世纪初从中国传入日本，最早传入的是普通丝瓜，有棱丝瓜则在19世纪传入日本。普通丝瓜传入欧洲的时间在17世纪40年代，至17世纪末有棱丝瓜才传入欧洲。

苦瓜

英文名：Balsam pear

拉丁名：*Momordica charantia* L.

别　名：癞葡萄、凉瓜、锦荔枝、癞瓜等

科　属：葫芦科苦瓜属

　　苦瓜（Balsam pear）别名凉瓜，古名锦荔枝、癞葡萄，葫芦科苦瓜属中的栽培种，一年生攀援草本植物。苦瓜原产亚洲热带地区，广泛分布在热带、亚热带和温带地区。印度和东南亚栽培历史悠久。

　　吴耕民所著《蔬菜园艺学》一书中记载："苦瓜原产于东印度，我国自南番传入"。明代李时珍《本草纲目》也载："苦瓜原出南番"。东印度一般指亚洲南部的印度和马来群岛，而荷兰殖民者侵占今印度尼西亚为殖民地后，称该地为"荷属东印度"。中国古时所称"南番"，多指今日东南亚一带。由此可见，苦瓜原产地应在印度和东南亚一带地区。苦瓜传入中国的时间约在北宋时期（960—1127），当时称为"锦荔枝"，到南宋才有"苦瓜"一称。至元代，苦瓜已有较多栽培，并由南方传到北方。据熊梦祥的《析津志》称：13世纪，元代大都城（今北京）已引入栽培。明代朱橚撰《救荒本草》（1406）中已有苦瓜的记载："苦瓜内有红瓤，味甘，采荔枝[1]黄熟者吃瓤。"书中只说是吃瓤，未提及瓜肉可食。明代徐光启撰《农政全书》（1639）则说："南中人甚食此物，不止于瓤。实青时采者，或生食与瓜同，用名苦瓜也。"说明当时已开始食用果肉。至明代李时珍在《本草纲目》中正式将苦瓜列入蔬菜部类。

　　日本的苦瓜由中国传入。苦瓜传入欧洲约在17世纪，传入欧洲后，欧洲人因其味苦多作观赏用。

1　荔枝：苦瓜别名"锦荔枝"。——编者注

英文名：Bottle gourd

拉丁名：*Lagenaria siceraria* (Molina) Standl.

别　名：瓠、葫芦、小葫芦、大葫芦等

科　属：葫芦科葫芦属

7 瓠瓜

瓠瓜（Bottle gourd）为葫芦科葫芦属中的栽培种，一年生攀援草本植物。

瓠瓜原产赤道非洲南部低地，7000年前西半球已有瓠瓜。瓠瓜主要分布在印度、斯里兰卡、印度尼西亚、马来西亚、菲律宾、热带非洲、哥伦比亚和巴西等国家及地区。过去学术界有人认为瓠瓜是由丝绸之路传入我国，但20世纪的考古发现，新石器时代浙江河姆渡遗址中有葫芦种子，距今已有7000余年历史。在湖北江陵、广西贵县罗伯湾、江苏连云港等地，均发现西汉时的葫芦种子。由此可以说明，瓠瓜应是我国固有的蔬菜种类。

中国关于瓠瓜的最早记录，见于新石器时代的陶壶及甲骨文中的象形文字。《诗经》（公元前11世纪—公元前6世纪）中也有瓠瓜的记载。《国风·豳风·七月》篇有"七月食瓜，八月断壶"之句。所谓"断壶"是说采摘"壶卢"。成书于6世纪的《齐民要术》是世界上最有系统的农业名著之一，其书在卷二第十五章专有《种瓠》一节。书中引证了《氾胜之书》和《家政法》对种瓠瓜的详细论述。表明在当时瓠瓜已被广泛种植，并达到了较高的栽培技术水平。"壶卢""瓠""匏"均是瓠瓜的古称，在《本草纲目》上说："壶，酒器也，芦，饮器也。此物各象其形，又可为酒饭之器，因以名之。"文献解释"瓠"与"匏"的区别为，瓠与匏是同一种植物，嫩瓜为瓠，瓜老坚硬者为匏。现代人称的"瓢"是匏的别称，瓢是葫芦老熟后剖开作器物用，故有"一个葫芦两个瓢"的俗语。

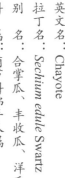

英文名：Chayote

拉丁名：*Sechium edule* Swartz

别　名：合掌瓜、丰收瓜、洋瓜、捧瓜等

科　属：葫芦科佛手瓜属

8 佛手瓜

　　佛手瓜（Chayote）为葫芦科佛手瓜属中的栽培种，多年生攀缘性草本植物。

　　佛手瓜起源于墨西哥和中美洲。它的驯化时期可以追溯到16世纪初叶。早在西班牙人到达美洲之前，居住在墨西哥的印第安人就已栽培、食用佛手瓜了。18世纪传入美国，后传到欧洲，再传入非洲；同世纪传入东南亚各国。大约在19世纪以后，分别经由欧洲、西亚和东南亚等多种途径传入我国。清道光二十八年（1848）刊行的《植物名实图考》已有著录。最初在广东、广西和云南传播，到20世纪初叶，又经日本、美洲引入我国台湾、福建等地。日本在1917年从美国引入。

　　欧美国家称佛手瓜为"墨西哥黄瓜"，日本则称佛手瓜为"隼人瓜"。佛手瓜传入日本后，首先在日本南端的鹿儿岛栽培，然后逐渐推广到全日本。由于鹿儿岛曾是"隼人"部族的旧居地，因此，1919年日本以其引入推广地域的部族名称命名，称其为"隼人瓜"。后来这一称谓传入中国。《蔬菜园艺学》（吴耕民，1936）中记载："此植物中国无相当名称，而日本称'隼人瓜'，又不甚适当，故由著者音译英语'Chayote'为菜肴梨，且适合'Vegetable pear'之意译"。对于这种舶来品，人们依据其原产地、引入地域的名称进行标识；食用器官的形态、品质和功能特征，以及栽培、贮藏特性等因素，结合运用素描、比拟、谐音或音译等手段，先后命名了30多种不同的称谓。我国最终将其定名为"佛手瓜"。

（八）葱蒜类蔬菜

葱蒜类蔬菜是中国栽培的重要蔬菜，主要有韭、葱、洋葱、大蒜、分葱、薤等。在中国有少量的相似类型及变种的栽培，或其他葱蒜类蔬菜，如根韭、楼葱、顶球洋葱、分蘗洋葱、韭葱等。

英文名：Leaf of tuber onion

拉丁名：*Allium tuberosum* Rottler ex Spr.

别　名：韭菜、草钟乳、扁菜、壮阳草、起阳草、长生韭、懒人菜等

科　属：百合科葱属

韭（Leaf of tuber onion）俗称韭菜，为百合科葱属中以嫩叶和柔嫩花茎为主要产品的多年生宿根草本植物。

韭原产中国。古籍《夏小正》中已有韭的记述。《夏小正》是我国现存最早的文献之一，其成书年代争论很大，但一般认为最迟成书在春秋（公元前770—公元前476）时期。2000多年前的地理著作《山海经》曾多处记载河北、陕西山野多韭。至今华北、西北、东北等地山野中仍有野生韭分布。韭在中国很早就被栽培利用。《说文解字》载："韭，菜名。一种而久者，故谓之韭。象形，在一之上。一，地也……凡韭之属皆从韭。"从"韭"字起源上，也可见韭是最早栽培的蔬菜。《诗经·国风》当中的《豳风·七月》一诗，完整而细致地描写了农民从正月到腊月一年里的农事活动，其中有"二之日凿冰冲冲，三之日纳于凌阴。四之日其蚤，献羔祭韭。"的诗句。韭被作为"祭韭"，与羔同列，为献祭的物品，说明当时韭在蔬菜中的地位是很高的。中国最早的温室建立在汉代，当时有温室栽培韭。北宋时已有韭黄生产，韭黄应该是最早的软化栽培蔬菜。大约成书于北魏末年（533—544）的《齐民要术》中有《种韭》一节："治畦，下水，粪覆，悉与葵同。然畦欲极深。"其注云："韭，一剪一加粪，又根性上跳，故须深也。"表明当时栽培韭的技术已经十分完备。

韭于9世纪由中国传入日本。吴耕民先生1936年出版的《蔬菜园艺学》三十五章载："欧美诸国尚未闻有（韭）栽培供使用者"，即使现在欧美各国也仅有少量栽培。

英文名：Bunching onion
拉丁名：Allium.fistulosum L. var.
　　　　gigantum Makino
别　名：青葱、事菜等
科　属：百合科葱属

② 大葱

　　大葱（Bunching onion）为百合科葱属中以叶鞘组成的肥大假茎和嫩叶为产品的二年生或三年生草本植物。

　　大葱起源于中国西部和西伯利亚地区，由野生葱在中国经驯化和选择而来。中国2000多年前的地理著作《山海经》就有关于大葱分布的记录。《广志》载："葱有冬春二葱。有胡葱、木葱、山葱。"东汉·崔寔撰《四民月令》（166）中有："三月，别小葱。六月，别大葱。七月，可种大、小葱……夏葱曰小，冬葱曰大"的描述。葱有两种，一种是用籽繁殖的叫籽葱，另一种是无性繁殖的叫分葱。自《尔雅》以后，《广雅》《广志》《四民月令》等古籍中都提到葱，但多为泛指。北魏贾思勰著《齐民要术》中有《种葱》章节，载有："收葱子，必薄布阴干，勿令浥郁。"《齐民要术》所载的"葱"明确指出是"籽葱"，即我们今天所说的"大葱"。元代王祯撰《王祯农书》（1313）中有对葱栽培技术的详细记载，此时大葱类型已经形成，栽培方法至今仍沿用。

　　中国是栽培大葱的主要国家，分布广，淮河秦岭以北和黄河中下游为主产区。经朝鲜传入日本。日本关于大葱的记载最早见于918年，1583年传入欧洲，19世纪传入美国，但欧洲、美洲国家栽培较少。

英文名：Onion

拉丁名：*Allium cepa* L.

别　名：洋葱头、玉葱、圆葱、球葱、葱头等

科　属：葱科葱属

❸ 洋葱

　　洋葱（Onion）为葱科葱属中以肉质鳞片和鳞芽构成鳞茎的二年生草本植物。

　　洋葱的起源历史悠久，可能在史前人们就把野生洋葱与其他不同的鳞茎、根和块茎采集在一起煮着吃。中东开始农业生产后的一段时间，迦勒底人和古埃及人就已开始种植洋葱。早在5000年前埃及第一个王朝时就已食用洋葱。在古埃及遗址上记载有洋葱，而且在埃及栽植的洋葱变种被认为是符合神的旨意。公元前430年，古希腊及古罗马学者先后描述了不同形状、颜色、味道的栽培种。古希腊和古罗马的一些著作也证实了洋葱在当时相当普及。中世纪期间，全欧洲都吃洋葱。哥伦布发现新大陆后，将洋葱种植在西印度，其后洋葱被带到新大陆的各个地方。洋葱在16世纪传入美国，日本于1627年开始引入。

　　洋葱约在20世纪初传入中国。洋葱在中国分布很广，南北各地均有栽培，而且种植面积还在不断扩大，是目前中国主栽蔬菜之一。中国已成为世界上洋葱生产量较大的四个国家（中国、印度、美国、日本）之一。洋葱在传播过程中产生了对日照长短、高温、低温的适应变异，并演化出多种生态型。按鳞茎形成特性可分为普通洋葱、分蘖洋葱和顶球洋葱。中国的种植区域主要是在山东、甘肃、内蒙古等地。中国栽培的洋葱主要是普通洋葱，每株形成一个鳞茎，多以种子繁殖，鳞茎皮色有红皮、黄皮和白皮品种。

④ 大蒜

英文名：Garlic
拉丁名：*Allium sativum* L.
别　名：蒜、蒜头、独蒜、胡蒜等
科　属：百合科葱属

大蒜（Garlic）为百合科葱属中以鳞芽构成鳞茎的栽培种，二年生草本植物。

大蒜原产于欧洲南部和中亚。最早在古埃及、古罗马和古希腊等地中海沿岸国家栽培，当时仅作药用。9世纪初传入日本。16世纪前叶扩展到非洲和南美洲，18世纪后叶北美洲开始栽培。现已遍及世界各地。

中国古代原产的"蒜"应该是指"小蒜"。清代吴其濬撰《植物名实图考》录有："小蒜为蒜，大蒜为葫"。《广志》载："蒜有胡蒜、小蒜。"《博物志》曰："张骞使西域得大蒜、胡荽。"李时珍《本草纲目》卷二十六"蒜"有："中国初惟有此，后因汉人得胡蒜于西域，遂呼此为小蒜以别之。"又说："家蒜有二种：根茎俱小而瓣少，辛甚者，蒜也，小蒜也；根茎俱大而瓣多，辛而带甘者，葫也，大蒜也。"古籍资料都说明现在食用的大蒜，是张骞出使西域由大宛国得大蒜带回的。

我国原产有小蒜，从西域引入"蒜"的新品种，因与我国原有的"蒜"外观相似，大小之别，故将个体略大的新蒜称为"大蒜"，原蒜种称为"小蒜"。东汉崔寔著《东观汉记》载："李恂，为兖州刺史，所种小麦、葫蒜，悉付从事，无所留。"由此推论，东汉时期大蒜便在山东安家落户，而我国栽培大蒜已有2000多年的历史。

英文名：Chive
拉丁名：*Allium cepiforme* G. Don
别　名：冻葱、冬葱、绵葱、四季葱等
科　属：百合科葱属

5 香葱

　　香葱（Chive）为百合科葱属，以嫩叶和假茎供食用。因其食用部位的外观似"小葱"而又具香气，故称"细香葱"。在日本则称"虾夷葱"。"虾夷"是古代居住在日本北海道等北部地区的一个少数民族，现今的阿伊努人是其后裔。因细香葱起源于冷凉的北方地区，也有人称之为"北葱"。细香葱在我国南方地区除酷暑之日外，常年均可采收上市，因而又有"四季葱"的美名。

　　细香葱起源地域十分广泛，从北极圈到欧、亚、北美、南美四洲的北温带地区都曾发现过野生种群。现无法查阅到细香葱最早种植的确切年代，可查到的是812年受法兰克国王查理大帝（Charlemagne，742—814）之命，将细香葱列入植物目录。吴耕民先生1936年出版的《蔬菜园艺学》一书中载有："细香葱为希腊及意大利原产。现今传播于北半球各地，我国亦有栽培。为宿根植物，叶类似丝葱，极细，深绿色……鳞茎小，分蘖力强……开赤紫色花，结种子者甚少，故分株繁殖。"查阅吴耕民先生在同一书中对"丝葱"的描述："为我国原产之葱属宿根植物。叶浅绿，细而中空，分蘖力甚强，鳞茎小……开淡紫色之花而结实，然繁殖概依分株法。"细香葱和丝葱同为葱科葱属，亲缘关系十分相近。因起源地不同，演变成不同的栽培品种。

（九）绿叶类蔬菜

　　叶菜类蔬菜包括菠菜、莴苣、芹菜、蕹菜、苋菜、叶甜菜、冬寒菜、落葵、茼蒿、芫荽、茴香、菊花脑、荠菜、菜苜蓿、番杏、苦苣、紫背天葵、罗勒、马齿苋、紫苏、榆钱菠菜及薄荷等。主要以柔嫩的叶片供食，如菠菜、苋菜、叶甜菜、落葵、芫荽、菜苜蓿、苦苣、罗勒、紫苏、榆钱菠菜、薄荷，也有以叶柄供食的如芹菜，或以茎部供食的如莴笋、冬寒菜、茼蒿、茴香、菊花脑、荠菜、番杏、马齿苋，还有以嫩梢供食的，如蕹菜、紫背天葵。叶菜类蔬菜富含各种维生素和矿物质，是营养价值较高的蔬菜。

1 菠菜

英文名：Spinach

拉丁名：*Spinacia oleracea* L.

别　名：波斯菜、菠薐、菠棱、鹦鹉菜、红根菜、飞龙菜等

科　属：藜科菠菜属

　　菠菜（Spinach）为藜科菠菜属以绿叶为主要产品器官的一年生草本植物。菠菜原产亚洲西部的伊朗，有2000年以上栽培历史。印度及尼泊尔东北部有两个菠菜二倍体近缘种，为蔬菜原始型。

　　宋代王溥（922—982）撰《唐会要》[成书于宋太祖建隆二年（961）]载："太宗时尼婆罗国[1]献菠薐，类红蓝，实如蒺藜，火熟之能益食味。"据欧阳修在成书于宋仁宗嘉祐五年（1060）的《新唐书·西域传》中记载，唐太宋贞观二十一年（647）尼婆罗国曾派遣使臣向唐朝敬献菠薐。历史上另有菠菜由西国（波斯）传入之说。唐代学者韦绚在《刘宾客嘉话录》中记载："菜之菠薐者，本西国中有僧，自彼将其子来"。北宋苏洵（1009—1066）撰《嘉祐集》一书中记载菠菜来自西国。宋代苏轼（1037—1101）诗云："北方苦寒今未已，雪底菠棱如铁甲。岂如吾蜀富冬蔬，霜叶露芽寒更苗。"从诗中可知当时蜀中已广泛种植菠菜，并能越冬露地生产。

　　最早传入中国的菠菜是刺粒菠菜，而圆粒菠菜则是近代由欧洲传入的。菠菜于11世纪传入西班牙，此后普及欧洲各国；1568年传到英国，19世纪引入美国。目前世界各国普遍栽培，中国各地均有种植。综合史料可认为，菠菜是通过官方和民间等多种途径从中亚和南亚地区先后传入中国的。传入的时间最迟不晚于7世纪的隋唐之际，至今在中国已有千年的栽培历史。

1　尼婆罗国：今尼泊尔。——编者注

英文名：Celery

拉丁名：*Apium graveolens* L.

别　名：胡芹等

科　属：伞形科芹属

② 芹菜

芹菜（Celery）属伞形科芹属植物，品种繁多，在我国有着悠久的种植历史和大范围的种植面积。芹菜为二年生草本蔬菜，第二年开花。

芹菜起源于欧洲南部和非洲北部地中海沿岸地带，瑞士植物学家德·康道尔（De Candolle）和苏联植物学家瓦维洛夫（Vavilov）等在他们的有关著作中均有明确论述。瑞典至阿尔及利亚、埃及以及西亚的高加索等沼泽地带都有野生芹菜分布。芹菜的原始种野生于地中海沿岸的沙砾地带。据推测，古代欧洲南部已开始种植。在公元前9世纪荷马创作的古希腊史诗《奥德赛》中首次提到了这种植物。公元前希腊人把芹菜叶子当作月桂树叶用在婚丧礼节的花环上。在古希腊、古罗马时代已用作医药和香料，据传有预防中毒的效果。公元前4—公元前3世纪，希腊人曾将和现在一样的芹菜称为欧芹（Parsley），公元前4世纪曾有文字记载芹菜有平展型和缩叶型两种。

13世纪芹菜传入北欧，1548年传入英国，食用芹菜的最早文字记录是在1623年的法国。据传由意大利首先进行食用栽培，而后传入法国。当时成为欧洲人日常生活中不可缺少的香辛蔬菜。17世纪芹菜由初期的欧洲移民带入美国，在美国早期大部分是易软化的黄色种。17世纪末到18世纪在意大利、法国、英国进一步对其进行了改良。在上述地区，芹菜被驯化成叶柄肥厚、异味小、品质优良的品种（*A. graveolens* L. var. *dulce* DC.）。自17世纪末开始施行芹菜的软化栽培，在瑞典已进行穴仓贮藏栽培，芹菜的叶柄变得肥厚、脆嫩，药味减少了，已可供作沙拉食用。近年来无论营养上和外观上都有好的绿色种迅速增加，由上述两种类型交配的中间种也被选育出来。

芹菜很早就已传向东方印度，而后又传到中国、朝鲜、南洋各岛。在中国，芹菜是汉代由高加索传入中国，并逐渐培育成细长叶柄型。10世纪中国的《唐会要》一书中所述的"胡芹"就是指芹菜（胡昌炽《蔬菜学各论》，1966）。明朝，西洋旱芹已在中国广为种植（程兆熊《中华园艺史》，1985）。日本记载芹菜是16世纪由朝鲜传入，后来传至长崎近郊，但只有一部分作栽培用；明治以后，随着国外蔬菜的引入而扩大栽培面积，1935年以后黄色种芹菜的栽培也逐渐盛行起来，第二次世界大战后引入了康耐尔、犹他州等品种；随着消费水平的变化，品种及生产面积在不断增加（加藤彻《蔬菜生物生理学基础》，1985）。

芹菜传入中国后，经长期栽培驯化，培育成叶柄细长、香味浓的中国芹菜。中国的地方品种多数株高在60厘米以上，有实心和空心两种，称为"本芹"，这个种适于密植软化。近数十年来，由欧美引入宽叶柄的西洋品种称"西芹"，多作生食，在中国东南沿海各地正在迅速发展。

英文名：Lettuce

拉丁名：*Lactuca sativa* L.

别　名：千金菜、莴笋、
　　　　石苣、青笋、
　　　　笋菜等

科　属：菊科莴苣属

③ 莴苣

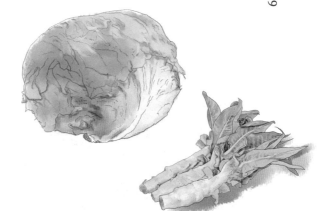

　　莴苣（Lettuce）为菊科莴苣属能形成叶球或嫩茎的一年生或二年生草本植物，别称千金菜。莴苣原产地中海沿岸，由野生种演变而来。经长期栽培驯化，茎叶上的毛刺消失，莴苣素减少，苦味变淡。

　　一般认为远在公元前4500年就有莴苣种植，因为在古埃及墓壁上有莴苣叶形的描绘。但是有些权威人士怀疑，如果那么早的时候就种莴苣，那大概是为了获得种子中的油而不是它的叶子。因此，人类开始食用莴苣的时间尚不清楚。不过波斯皇族在公元前6世纪吃这种蔬菜是很肯定的。古希腊、古罗马许多文献上有莴苣变种的记述，表明当时莴苣在地中海沿岸普遍栽培。公元前16世纪欧洲出现结球莴苣，公元前14—公元前17世纪就有培育出皱叶莴苣和紫叶莴苣的记载。哥伦布在他第二次航海时，将莴苣种子带到加勒比地区种植。在那儿早期种植后，产生了美洲第一批移民所种植的波多黎各变种。在加利福尼亚最早种植的莴苣是由西班牙神父带去的。但在美国西部莴苣的商业性生产一直没有展开，后来在加利福尼亚州的萨利纳斯–沃森维尔种莴苣得以迅速发展，现在那儿已经成了这个国家的"莴苣之都"。1492年莴苣传播到南美。

　　据考证莴苣引入中国不迟于公元前6—公元前7世纪之交的隋代。北宋初年，著名学者陶谷在《清异录·蔬菜门》中记载说："呙国使者来汉，隋人求得菜种，酬之甚厚，故因名千斤菜，今莴苣也。"而宋代彭乘辑录的《续墨客挥犀》也披露了关于"莴菜出自呙国"的旁证。清末农工商部在北京的西郊创建了农事试验场，曾通过驻外使节从意大利和德国等欧洲国家分别引进了多种叶用莴苣，其中包括散叶莴苣、皱叶莴苣、结球莴苣等。现在中国南北各地广泛栽培普通莴苣、皱叶莴苣、结球莴苣等。

英文名：Ipomoea aquatica
拉丁名：Ipomoea aquatica Forsskal
别　名：空心菜、通菜蓊、蓊菜、瓮菜、藤藤菜、通菜等
科　属：旋花科番薯属

④
蕹菜

　　蕹菜（Ipomoea aquatica）为旋花科甘薯属以嫩茎、叶为产品的一年生或多年生草本植物。原产中国南方及亚洲的东部和南部地区，广泛分布于亚洲热带地区。

　　蕹菜在中国自古栽培。我国关于蕹菜的记载不迟于3世纪的西晋时期，西晋张华（232—300）编写的《博物志》介绍了魏武帝啖野草之先，先食蕹菜。唐代《本草拾遗》中解释道："南人先食蕹菜，后食野葛，二物相伏，自然无苦。"这里虽说明蕹菜可以解毒，但未明确是家蕹菜还是野蕹菜。西晋嵇含（263—306）所著《南方草木状》[成书于西晋永兴元年（304）]一书中作了较为详细的介绍，说明蕹菜已进入人工栽培。栽在旱地上的蕹菜，叶小茎细为"旱蕹"，种植在水面上则为"水蕹菜"。水蕹可以随船筏流动生长。建国前来自西南的木商就有在木筏上种植蕹菜的习惯，用以解决长途行船的蔬食。

　　蕹菜最早著录于掌禹锡等编著的《嘉祐补注本草》[成书于宋仁宗嘉祐二年（1057）]，《嘉祐补注本草》内容涉及医药学理论及具体单味药的名称，载有药草1082种。蕹菜作为蔬菜食用，可见于北宋时期官方主持编修的《政和证类本草》，蕹菜被增补进入该书的"菜部"。此后我国又先后与东亚、南亚和欧洲等地区多次进行过种质资源的交流，逐步实现了品种类型的多样化。北宋陈正敏所著《遁斋闲览》一书载有"瓮菜"本生于东夷的古伦国，有人将其装在水瓮中运回的轶事。所谓"东夷古伦"即泛指今日的朝鲜半岛。由此可知，早在宋代，中朝两国就已通过"瓮藏种藤"的方式进行过蕹菜品种间的交换。现在我国南方以及北方的一些大中城市均有水田或旱地栽培蕹菜。

英文名：Fennel
拉丁名：*Foeniculum vulgare* Mill.
别　名：怀菨、小茴香、西小茴等
科　属：伞形科茴香属

⑤ 茴香

茴香（Fennel）为伞形科茴香属，多年生常作一年生栽培的宿根草本植物，香辛型绿叶蔬菜，以嫩茎叶和果实供食用。

茴香原产地中海沿岸及西亚地区。大约在东汉时期，经由中亚丝绸之路引入中国。在我国文学史上有"竹林七贤"誉称的嵇康（223—262）在其《怀香赋·序》中有："怀香生蒙楚之间"的记述。茴香古时称"怀香"，"蒙楚"指现今河南和湖北两省。由此可以推知，早在3世纪的三国时期，茴香已在我国的中原地区进行种植了。在引入的初期，茴香只作为香料或药材。据晋代的医师范汪称，早在晋代以前已将茴香用于治疗痈肿等病症。隋唐以后逐渐成为蔬食与药用兼备的植物。到了宋代已有广泛的栽培。元初《务本新书》中有茴香栽培方法的记载。到了明代小茴香成为常用蔬菜后，李时珍的《本草纲目》才将其从"草部"正式移入"菜部"。

"茴香"的称谓始见于南北朝时梁武帝大同九年（543）太学博士顾野王（519—581）所著的《玉篇》。唐代有"药圣"之称的孙思邈曾说过，把茴香放在有腥臭气味的肉或酱中一起煮，可以除臭回香。可见"茴香"是以其调味功能"回香"的谐音而命名的。而宋代苏颂则认为：由于"怀"与"茴"两字的读音相近，所以北方人又称其为"茴香"。《本草纲目》《新修本草》（又称《唐本草》）均以"怀香"著录。清代吴其濬在其撰着的《植物名实图考》中有"怀香，《唐本草》始著录。圃中亦种之，土呼香丝菜。"到了明末，王象晋的《群芳谱》将"茴香"列为正式名称，现在则被纳入国家标准成为正式的通用名称。现在我国各地均可栽培，而主产于北方地区。

英文名：Florence fennel

拉丁名：*Foeniculum vulgare* var. *dulce* Batt. et Trab.

别　名：结球茴香、意大利茴香、佛罗伦萨茴香、甜茴香等

科　属：伞形科茴香属

⑥ 球茎茴香

　　球茎茴香（Florence fennel）为伞形花科茴香属茴香种的一个变种。香辛型绿叶菜类蔬菜，以球茎、嫩叶、叶柄和果实供食用。球茎茴香原产意大利南部，主要分布于地中海沿岸及西亚。

　　古代球茎茴香的种子、叶和根供药用。这在公元前1500年古埃及的文献中有所描述，古希腊和古罗马的文献中也有记载。目前食用的甜而带茴香味的品种，是意大利人在佛罗伦萨由野生的苦而无茴香味的品种培育成的栽培种。球茎茴香的叶为三四回羽状复叶，叶片深裂，绿色，呈丝状；叶柄粗大，基部的叶鞘肥大，相互抱合成扁圆球形，营养生长期茎短缩；球茎深绿色，紧实，有如拳头大小。

　　据考证：球茎茴香最早是在清末由中国驻奥地利公使代办吴宗濂（1856—1933）引入北京的。清光绪三十二年（1906）在北京原乐善园旧址上，由清农工商部领衔筹建农事试验场，初衷是为学习西方先进经验，"开通风气，振兴农业"。农事试验场占地面积约71公顷[1]，进行农产品试验，场内广泛种植粮、棉、桑、麻、茶、蔬菜、果树和豆类。当时由欧洲引进一批蔬菜品种，其中包括有球茎茴香。民国初期，随着农事试验场濒于关闭，球茎茴香未得以推广栽培。1964年球茎茴香再次由古巴引入北京，但很长时间内却一直未受到人们的关注。1987年出版的《蔬菜栽培学》（中国农业科学院蔬菜研究所主编）未录入球茎茴香。1990年出版的《中国农业百科全书：蔬菜卷》在"绿叶蔬菜"中只列有"茴香"，同样未列有球茎茴香。

　　21世纪初，由于国内一些大中型城市和沿海城市为满足涉外饭店及大型超市日益增长的市场需求，纷纷引种、栽培球茎茴香。球茎茴香在北京等一些大中城市已有栽培，但仍作为"特菜供应。"

1　1公顷＝10000平方米。——编者注

英文名：Edible amaranth

拉丁名：*Amaranthus mangostanus* L.

别　名：雁来红、老来少、

　　　　三色苋等

科　属：苋科苋属

⑦ 苋菜

苋菜（Edible amaranth）为苋科苋属中以嫩茎叶为食的一年生草本植物。世界各地都有苋属植物分布，中国有苋属的种13个。栽培的少数种主要分布在中国和印度。

中国自古栽培苋菜。在《尔雅·释草》中有"蒉（音kuì）、赤苋"。郭璞注："今人苋赤茎者"。可知在古代很早就知道红苋。《齐民要术》提到人苋，但并未列入蔬菜，还是采集的野菜。成书于五代后蜀（934—966）的本草著作《蜀本草》载有："苋凡六种，赤苋、白苋、人苋、紫苋、五色苋、马苋也。"最早介绍苋栽培技术的文献始见于元代初年司农司编写的《农桑辑要》，载有："新添，人苋"句，并有简易的栽培方法。明代的《方土记》中也记有苋的栽培方法："捡肥土，种子，苗生移植，粪水频浇，勤锄。"说明人工栽培苋菜至少在宋代就已开始了。清代《救荒简易书》（1896）指出"千穗谷"就是"世俗所谓尖叶苋菜也。"又载还有一种："圆叶苋菜，于众苋之中科次高，子次多，俗名呼为'米谷菜'。"清代吴其濬在其撰著的《植物名实图考》中有："人苋，盖苋之通呼。北地以色青黑而茎硬者当之，一名铁苋，叶极粗涩，不中食"。又载"或谓野苋炒食，比家苋更美，南方雨多，菜科速长味薄，野苋但含土膏，无灌溉催促，固当隽永。"在清代苋菜已广为人工栽培，但人们仍有采食野苋菜的习惯，并认为野苋菜味道优于家种苋菜。

苋菜有红苋、绿苋和彩苋三种，中国古代早已有野生的红苋。《本草图经》云："五色苋，今亦稀有，疑即雁来红之属。"雁来红又名老来少、三色苋、叶鸡冠、老来娇，到了深秋，其基部叶转为深紫色，而顶叶则变得猩红如染，鲜艳异常。由于叶片变色正值"大雁南飞"之时，人们便给它取个美丽的名字——雁来红。

英文名：Coriander

拉丁名：*Coriandrum sativum* L.

别　名：胡荽、香菜、香荽等

科　属：伞形科芫荽属

芫荽（Coriander）为伞形花科芫荽属中以叶及嫩茎为菜肴、调料的栽培种，一年生或二年生草本植物。芫荽原产地中海沿岸及中亚地区。约在公元前1世纪的西汉时期，由中亚沿丝绸之路传入中国。

许慎（约58—147）在《说文解字》（100—121）中载有"荽"，即芫荽。"胡荽"称谓早期可见于西晋时期张华（232—300）的《博物志》："张骞使西域，得'大蒜''胡荽'。"李时珍在《本草纲目》中也采用此说："其茎叶细而根须多，绥绥然也。张骞使西域得种归，故名胡荽。"4世纪的上半世纪，北方的少数民族羯族首领石勒建立了后赵政权。后赵政权从319年至351年，曾先后控制中原地区30多年。据晋代陆翙《邺中记》：石勒认为"胡"字对少数民族带有贬义，所以十分忌讳人说"胡"，凡是采用"胡"字命名的事物全部要改易名称。在这种特定的历史背景下，有些地方因为"胡荽"带有浓郁的辛香气味而改称"香菜"；有些地方以其植株柔细、茎叶自然散布有致而改称"蔄荽"。由于后赵政权存在时间短暂，加之带有强制性，改名并不彻底。北魏时期《齐民要术》中仍采用"胡荽"一名，书中有栽培技术及腌制方法的记载。

"芫荽"称谓始于元代。成书于元皇庆二年（1313）的《王祯农书》称之为"葫荽"，之后不久，在元代御医忽思慧所著的《饮膳正要》中已将"芫荽"作为正式名称而被列入"菜品"之中。该书问世于元文宗天历三年（1330），至今已有690多年了。

英文名：Swiss chard

拉丁名：*Beta vulgaris* L. var. *cicla* L.

别　名：叶菾菜、莙荙菜、牛皮菜等

科　属：藜科甜菜属

⑨ 叶甜菜

　　叶甜菜（Swiss chard）为藜科甜菜属中以嫩叶作菜用的栽培种，二年生草本植物。地中海沿岸和西亚一些国家是甜菜的起源地，大约在距今3500～4000年前，甜菜已经作为一种野生植物在那里大量存在了。

　　叶甜菜是"普通甜菜"的变种，是经长期人工选择演变而成的一种叶用甜菜。公元前4世纪，古希腊作家阿斯托特尔（Aristotle）和西奥弗拉斯托斯（Theophrastus）描述过深绿色、浅绿色和红色的叶甜菜变种。当时西亚一些地区只有零星种植，10世纪前后才广泛传遍地中海沿岸各国，12世纪引入西欧。当时人们还对叶用甜菜和白菜，根用甜菜和萝卜混淆不清。据文献记载，法国（1230年）、意大利（1250年）、荷兰（1550年）、英国（1548年）、俄罗斯（1800年）、美国（1830年）、日本（1870年）先后引入并种植了叶甜菜。

　　叶甜菜大约在3—5世纪的魏晋时期，沿着丝绸之路经由波斯等地传入中国。《农政全书》载："古作'菾'"，《释名》载"菾菜，即莙荙也"。《新唐书·西域传》载有："大食，本波斯地……东有末禄……蔬有……'军达'。"《太平寰宇记》也记载，莙荙菜是从阿拉伯末禄国（今伊拉克巴士拉以西）引进的一种上等蔬菜。6世纪陶弘景在《名医别录》中最早谈到甜菜的药用价值。7世纪苏敬《新修本草》说，"菾"作"甜"音，叶片很像升麻草，南方人用它做菜，盛赞其为"香甜味美"的佳肴。元明各代很多古籍都说甜菜"或作蔬，或作羹，或作菜干，无不可也"。元初《农桑辑要》引《王祯农书》中的《农桑通诀》，介绍了叶用甜菜的栽培技术："莙荙作畦下种，如萝卜法。春二月种之，夏四月移栽，园枯则食。"明末《群芳谱》对甜菜的植物性状有详细记载。以上记述表明，甜菜已经在当时人民生活中占有一定的地位。

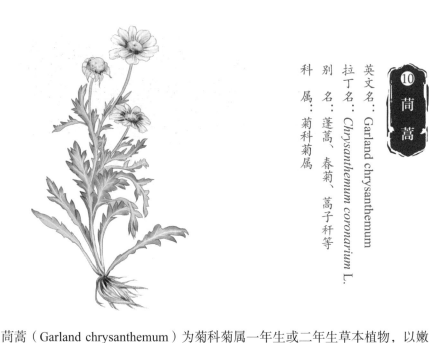

英文名：Garland chrysanthemum

拉丁名：*Chrysanthemum coronarium* L.

别　名：蓬蒿、春菊、蒿子秆等

科　属：菊科菊属

10 茼蒿

茼蒿（Garland chrysanthemum）为菊科菊属一年生或二年生草本植物，以嫩茎叶为食的栽培种。别名蓬蒿、春菊、蒿子秆。欧洲常用于作花坛花卉。

茼蒿原产地中海。中国已有1000多年的栽培历史。早在7世纪的唐代就有关于茼蒿栽培的记载。"茼蒿"的称谓始见于唐代孙思邈的《备急千金要方》，在其"菜蔬"类中已列有"茼蒿"的名录。同一时期由孟诜（约621—631）编撰的《食疗本草》也收入"茼蒿"名称。宋代嘉祐年间掌禹锡等所著的《嘉祐补注本草》一书中，将"茼蒿"作为药草收入。元朝司农司根据《齐民要术》《务本新书》等书编撰成书的《农桑辑要》[至元十年（1273）]中有"新添，茼蒿"的记载。成书于元皇庆二年（1313）的《王祯农书》载有"茼蒿者，叶绿而细，茎稍白，味甘脆。春二月种，可为常食。秋社前十日种，可为秋菜。"可见"茼蒿"作为蔬菜著录约在元代。明代徐光启（1562—1633）编著的《农政全书》中收入"茼蒿"，曰："形气同乎蓬蒿，故名。"《红楼梦》六十一回中有："前儿小燕来，说'晴雯姐姐要吃芦蒿'，你怎么忙的还问肉炒鸡炒？"明清之后，茼蒿已广泛种植，并成为常食蔬菜。

茼蒿依叶的大小分大叶茼蒿和小叶茼蒿两类。大叶茼蒿又称板叶茼蒿或圆叶茼蒿，小叶茼蒿又称花叶茼蒿或细叶茼蒿。小叶茼蒿在北京又培育成嫩茎用品种——蒿子秆儿。茼蒿于16世纪中传入日本，现在日本栽培日益增多。欧美等国家和地区少有种植。

英文名：Shepherd's purse

拉丁名：*Capsella bursa-pastoris* L.

别　名：护生草、菱角菜等

科　属：十字花科荠菜属

⑪ 荠菜

荠菜（Shepherd's purse）为十字花科荠菜属中以嫩叶食用的栽培种，一年生或二年生草本植物。其拉丁种名来自拉丁语，意思是"小盒子""牧人的钱包"，是形容它的蒴果形状像牧人的钱包。

荠菜原产中国，遍布世界温带地区。中国自古采集野生荠菜食用。2500年前的《诗经·邶风·谷风》中有"谁谓荼苦，其甘如荠"的诗句。魏晋南北朝时期已有关于荠菜栽培的文学记载。如曹魏时期的曹植（192—232）在《籍田赋》称"好甘者植乎荠"。西晋时期的潘岳（247—300）在其名著《闲居赋》中记述了他所种植的10余种佳蔬，其中就有"荠"。北魏贾思勰的《齐民要术》在"羹臛法"中介绍说："芼羹之菜，莼为第一……若无莼者……冬用荠叶以芼之。"唐代《明皇杂录》记有：荠菜"两京作斤卖，五溪无人采"的感慨。"两京"指的是长安和洛阳，"五溪"指岭南之地。当时在繁华的城市，荠菜已可每日供市，而在偏远的山乡，尚是一种野菜。宋朝诗人陆游《食荠》诗中云："挑根择叶无虚日，直到开花如雪时。"辛弃疾的"城中桃李愁风雨，春在溪头荠菜花"也都表明了当时荠菜是一种野菜。时至今日，依然如此。除了一些大中城市有少量栽培，大多数地区仍将荠菜视为一种野菜。

19世纪末至20世纪初，上海郊区开始栽培荠菜。当时上海虹桥童银福[1]的祖父和父亲，经过两代人几十年的研究，选留了板叶型荠菜进行栽培。与此同时，龙华二镇菜农选留了散叶型荠菜。经上百年的人工驯化，最终形成了荠菜的板叶种（亦称大叶荠菜）和散叶种（亦称百脚荠菜）。

---

1 童银福为上海虹桥童家宅初级农业合作社主任。清咸丰年间，虹桥童家宅（童银福的祖父和父亲）成功育出家种荠菜。——编者注

12 冬寒菜

英文名：Curled mallow

拉丁名：*Malva verticillata* L.
(syn. *M. crispa* L.)

别　名：冬葵、葵菜、滑肠菜等

科　属：锦葵科锦葵属

冬寒菜（Curled mallow）为锦葵科锦葵属中以嫩茎叶供食的栽培种，二年生草本植物。以幼苗和嫩梢供食。

冬寒菜原产中国北部地区及其他东亚地区。中国自古栽培，古时称"葵"或"葵菜"。其栽培历史可以追溯到11世纪的西周时期。中国2500年前的诗歌总集《诗经》中《豳风·七月》篇有"七月烹葵及菽"的诗句，表明葵已作为蔬菜食用。其后，许多典籍都将"葵"列为由"葵、藿、薤、葱、韭"等组成的"五菜"之首。春秋战国时期，中国中原地区葵菜的栽培已十分普遍，当时还出现过生产葵菜的大户"园夫"。中国古代最早的蔬菜园艺专著之一——《尹都尉书》有《种葵篇》。北魏贾思勰著《齐民要术》对冬寒菜的栽培有详尽记述，并将《种葵》列为蔬类第一篇，反映葵在当时的重要性。元代王祯著《王祯农书》称"葵为百菜之主"。进入明代后，由于蔬菜种类的增加，葵的地位有所下降。以致李时珍著《本草纲目》时将葵列入草类。

"冬葵"的称谓可见于约成书于东汉时期（25—220）《神农本草经》。日本现在仍用"冬葵"一名。"冬寒菜"一名可见于清道光二十八年（1848）吴其濬著《植物名实图考》："冬葵，本经上品，为百菜之主，江西、湖南皆种之。湖南亦呼葵菜，亦曰冬寒菜。"

野生冬寒菜具刺，在栽培驯化过程中刺逐渐消失。在我国三北地区有一种同属于锦葵属的野菜，其外观与冬寒菜极为相似，被称为"北锦葵"，或称为"马蹄菜"。

科　属：番杏科番杏属

别　名：新西兰菠菜、洋菠菜、法国菠菜、夏菠菜等

拉丁名：*Tetragonia tetragonioides* (pall.)Kuntze

英文名：New Zealand spinach

⑬ 番杏

　　番杏（New Zealand spinach）为番杏科番杏属以肥厚、多汁嫩茎叶供食的一年生半蔓生草本植物。

　　近代人们先后在大洋洲的新西兰和澳大利亚、南美洲的智利及亚洲的东南部等环太平洋地区都发现过野生番杏的种群，因此有人把上述环太平洋地区视为番杏的原产地。大约在清朝初年从东南亚地区经由海上传入中国，而后又在中国福建等东南沿海地区逸为野生。18世纪番杏传到欧洲，19世纪英、法等国开始作为蔬菜进行栽培。20世纪中期以前，番杏又多次从欧美引入我国，1946年在南京引种栽培。现在我国已初步形成了一定的生产规模。

　　"番杏"的称谓最早见于琉球中山国的吴继志于清乾隆四十七年（1782）编著的《质问本草》。吴继志采集琉球本土及周边诸岛所产的药用植物数百种，将其根株、枝叶、花萼、果实等生长情况绘图详注，或制成标本，甚至以盆栽生物通过琉球来华的贡使及琉球在华游历学者，与中国各省精于医药者往复考证。经过12年的长期钻研和不懈努力，共考订药物160种。上述史料有力地证明了番杏是在清初从东南亚地区经由海上传入中国。

　　"滨莴苣"称谓可见《本草推陈》一书。番杏常野生于南方滨海地区，在其生长初期，植株挺拔犹如直立的莴苣，故其名"滨莴苣"。到其生长后期，又极易分枝丛生，主茎蔓生，日本称之为"蔓菜"。

英文名：Alfalfa vegetable

拉丁名：Medicago hispida Gaertn.

别　名：金花菜等

科　属：豆科苜蓿属

苜蓿（Alfalfa vegetable）为豆科苜蓿属草本植物，食用幼苗、嫩叶。苜蓿菜包括有两种蔬菜：紫花苜蓿和黄花苜蓿。紫花苜蓿又称紫苜蓿，宿根草本多年生类蔬菜。黄花苜蓿即金花菜，别名南苜蓿、刺苜蓿、草头等。

紫花苜蓿原产于地中海沿岸地区。人类种植紫花苜蓿作为牲畜饲料比其他任何植物的时间都长。在有历史记载以前就可能在西南亚种植过。波斯人在公元前490年入侵古希腊时带入该国。历史学家推测紫花苜蓿在1世纪时从希腊引进意大利，从那时起即传至欧洲。西班牙开发者在15世纪早期把苜蓿带到南美洲，欧洲殖民主义者在1736年引进美国。紫花苜蓿在汉代经由丝绸之路的北道传入中国。据司马迁（公元前145—不可考）的《史记·大宛列传》载："……马嗜苜蓿。汉使取其实，于是天子始种苜蓿……"

黄花苜蓿原产于印度，在汉代从南亚的克什米尔地区沿丝绸之路的南道传入中国。班固（32—92）著《汉书·西域传》载："罽宾有'苜蓿'，自武帝时始通罽宾。""罽宾"古国的疆域包括今日的克什米尔地区及巴基斯坦的一部分，是沿丝绸之路南道的必经之地。北魏贾思勰《齐民要术》第二十九章"种苜蓿"载："春初既中生啖，为羹甚香。长宜饲马，马尤嗜之。此物长生，种者一劳永逸。"书中记述的"苜蓿"应为紫花苜蓿。明代李时珍《本草纲目》的"苜蓿"条目中有："入夏及秋，开细黄花"，其所指的应是黄花苜蓿。清代吴其濬著《植物名实图考》中对黄花苜蓿作了详细的描述。又云："野苜蓿俱如家苜蓿而叶尖瘦，花黄三瓣，干则紫黑，唯拖秧铺地，不能直立，移种亦然。"由此可见，黄花苜蓿是经历了多年的人工驯化栽培才逐渐成为栽培蔬菜的。中国多以黄花苜蓿作菜蔬，而欧美国家多用紫花苜蓿种子作"苜蓿芽"食用。

英文名：Gynura

拉丁名：*Gynura bicolor DC.*

别　名：三七草、红凤菜、红背菜、血皮菜、
　　　　观音苋、水前寺菜等

科　属：菊科三七草属

⑮ 紫背天葵

紫背天葵（Gynura）为菊科三七草属中多年生草本植物，以嫩茎叶供食的半栽培种。

紫背天葵原产中国及马来西亚，中国主要分布在长江以南地区，以四川和台湾栽培较多。我国利用紫背天葵的历史可追溯到南北朝时期。南朝时期（420—589）由医学家雷斅所撰写的医学典籍《雷公炮炙论》已提到它的药用功能："如要形坚，岂忘紫背。"紫背天葵最早是被视为中草药，用于祛瘀、活血。唐代苏敬等儒臣和医官奉诏编于显庆二年至四年（657—659）的《新修本草》则记录了它"煮啖极滑"的蔬食特性。此时，紫背天葵虽然仍被列在药书内，但也提到可以食用，表明人们已经将其用于菜蔬。清代吴其濬《植物名实图考》云："按此草，昆明寺院亦间植之。横根丛茎，长叶深齿，正似凤仙花叶，面绿背紫，与初生蒲公英微肖耳。"吴耕民先生在《蔬菜园艺学》中对紫背天葵描述为："叶互生，为长椭圆形，而先端尖，缘边有锯齿，颇肥厚，上面淡绿色，背面淡紫色，故有'青天地红'之名。"

紫背天葵深受日本人喜爱，自古以来在日本九州中部熊本县的游览胜地"水前寺"既有种植，日本习惯称之为"水前寺菜"。同科同属中还有白背天葵，其形态和紫背天葵一样，不同的是白背天葵叶上面为淡绿色，而背面为白色。

16 紫苏

英文名：Purple perilla

拉丁名：*Perilla frutescens* (L.) Britt.

别　名：桂荏、白苏、赤苏、红苏、黑苏、
　　　　白紫苏、青苏、苏麻、水升麻等

科　属：唇形科紫苏属

　　紫苏（Purple perilla）为唇形科紫苏属中以嫩叶为食的栽培种，一年生草本植物。别名荏、赤苏、白苏。紫苏拉丁文学名的种加词"*frutescens*"，意为"呈灌木状的"，体现了紫苏的形态。

　　紫苏原产中国，主要分布在华北、华中，华南、西南及台湾有野生或栽培。紫苏包括两个变种：皱叶紫苏（又名回回苏）和尖叶紫苏（又名野生紫苏）。中国两千年前解释词义的专著《尔雅》中有："苏，荏类也，故名荏桂，一名赤苏"。西汉扬雄撰《方言》（公元前1世纪）记有"苏之小者谓之蘸菜。"东汉时期的《说文解字》说："从草，音稣"。北魏贾思勰著《齐民要术》中称为"荏"，并载有："三月可种荏。园畔漫掷，便岁岁自生矣。"成书于元皇庆二年（1313）的《王祯农书》记述为："苏，茎方，叶圆而有尖，四周有齿。肥地者背面皆紫，瘠地者背紫面青。面背皆白，即白苏也。"表明古人对紫苏的性状、生长习性及栽培已十分了解。紫苏历来被用于药用，中医认为紫苏气味辛温，通心经，益脾胃，有散热和解暑之功效。唐代孟诜（621—713）著《食疗本草》载："紫苏，除寒热，治冷气。"宋仁宗（1022—1063）时，曾将"紫苏汤"定为翰林院夏季清凉饮料。

　　国内目前紫苏的种植面积在不断扩大，除少量食用外，主要用于紫苏醛、紫苏醇等芳香物质的提取。另外，紫苏叶也是出口日本和韩国的重要蔬菜。

（十）薯芋类蔬菜

薯芋类蔬菜包括马铃薯、姜、芋、魔芋、山药、豆薯、葛、菊芋、甘露子、菜用土栾儿等10多种作物。这些蔬菜在植物分类学上虽属于不同的科、属，但产品器官都为地下肥大的块茎、根茎、球茎或块根，富含淀粉，还含有蛋白质、脂肪、维生素及矿物质，营养丰富，耐贮藏和运输，并适于加工，在蔬菜的周年供应和淡旺季调节中具有重要地位。中国是世界上这类蔬菜栽培种类最丰富的国家之一，其中许多种类为中国特产，并享誉国内外。

科　属：茄科茄属

别　名：洋芋、荷兰薯、地蛋、薯仔、
　　　　土豆、番仔薯、巴巴、地梨等

拉丁名：*Solanum tuberosum* L.

英文名：Potato

1 马铃薯

　　马铃薯（Potato）为茄科茄属中能形成地下块茎的栽培种，一年生草本植物。普遍栽培的马铃薯种是*S. tuberosum*，它有两个亚种，即ssp. *tuberosum*和ssp. *andigena*。欧美一些国家多用于主食，中国东北、西北及西南高山地区则菜粮兼用，华北及江淮流域多作蔬菜。

　　马铃薯起源于秘鲁和玻利维亚的安第斯山脉。可以确认，在新石器时代或更早时期，马铃薯已在秘鲁沿海河谷流域的绿洲中种植，其栽植地区北到安卡什大区的卡斯玛流域，南及伊卡省南部的沿海城市皮斯科之间的广大地区。最古老的马铃薯化石是从海拔2800米的安卡什大区高原奇尔卡（Chilca）峡谷洞穴中发现的，^{14}C测定距今约10000年。表明人类在冰河末期就已经开始驯化马铃薯了。1536年，继哥伦布接踵到达新大陆的西班牙探险队员在秘鲁的苏洛科达村附近最先发现了马铃薯。卡斯特亚诺（Juan de Castellanos）在他编撰的《格兰那达新王国史》（*New Kingdom of Granada*）中对此有所记载。马铃薯引进欧洲有两条路线：一路是

1551年西班牙人瓦尔德维尔（Valdeve）把马铃薯块茎带至西班牙，并向国王卡尔五世报告这种珍奇植物的食用方法。但直至1570年才引进马铃薯并在南部地区种植。西班牙人引进的马铃薯后来传播到欧洲大部分国家以及亚洲一些地区。另一路是1565年英国人从智利把马铃薯带至爱尔兰，1586年英国航海家从西印度群岛向爱尔兰大量引进种薯，以后遍植英伦三岛。英国人引进的马铃薯后来传播到苏格兰、威尔士以及北欧诸国，又引种至英国所属的殖民地以及北美洲。

马铃薯传入中国的时间应为明嘉靖年间（1522—1566）。明代蒋一葵在《长安客话》中对北京种植的马铃薯描述道："土豆，绝似吴中落花生及香芋，亦似芋"。《长安客话》所记述的为明代中叶北京城郊的史迹，时间约在1550年。这说明，马铃薯传入我国的时间已有460余年了。北京地区引种马铃薯较早的原因，很可能是明末有些从水旱两路到达北京的欧洲人带来了马铃薯种，使马铃薯的传播路线呈现为由海外而直达京津。在此之后，马铃薯也由南洋被带入福建、广东、广西和江浙等沿海地区，并逐渐传往我国内地。马铃薯的这条传播路线，是由欧洲人初传入南洋地区，之后才由南洋而间接进入我国的。这种间接传播方式不仅造成了马铃薯在东南沿海地区的地方志中有"红毛番薯"（江浙地区）、"番鬼慈姑"（广西）或"爪哇薯"（广东）等不同名称，而且使东南沿海地区种植马铃薯比京津地区较晚。

英文名：Rhizoma dioscoreae

拉丁名：*Dioscorea batatas*
Decne.

别　名：大薯、薯芋、
佛掌薯等

科　属：薯芋科薯蓣属

　　山药（Rhizoma dioscoreae）为薯芋科薯蓣属中能形成地下肉质块茎的栽培种，一年生或多年生缠绕性藤本植物。产品器官为块茎，可炒食、煮食，干制入药为滋补强壮剂，对糖尿病等有辅助疗效。

　　山药按起源地分亚洲群、非洲群和美洲群。亚洲群有6个种，各个种的驯化是独立进行的。中国山药属于亚洲种群，包括"普通山药"和"田薯"两个种。其原产地和驯化中心在中国南方的亚热带和热带地区，在这些地区还有它们的野生种。普通山药又名家山药，是中国的主要栽培种，也是日本的主要栽培种。田薯又名大薯、柱薯，主要分布于我国台湾、广东、广西、福建、江西等省。上述两个种按块茎性状可分为扁块种、圆筒种和长柱种三个类型。

　　中国是山药重要的产地和驯化中心。山药古称"藷蓣[1]""储余""玉延""修脆"等，《山海经》中《北山经》篇有："景山北望少泽，其草多藷蓣。"春秋时范蠡所著《范子计然》一书中有"储余……白色者善"的描述。从上述两则史料可以推知：早在春秋战国时期，人们已熟知山药了，但当时多称为"薯蓣"。

　　"山药"一名始于宋，在寇宗奭编著《本草衍义》[宋政和六年（1116）]有：避唐代宗李豫（726—779）庙讳，改为"薯药"，又"薯"犯宋英宗赵曙（1032—1067）庙讳，故改为'山药'。"金元之际成书的《务本新书》中已用"山药"一名。其后如明代王象晋（1561—1653）编著的《群芳谱》及清代汪灏（生卒年不可考）在其基础上增改的《广群芳谱》，明代李时珍成书于1578年的《本草纲目》，清代张宗法（1714—1803）撰著的《三农纪》及清代官修的综合性农书《钦定授时通考》（1737—1742）等均采用"山药"一名。

1　藷蓣：即薯蓣，又称山药；是记载于《山海经》中的植物。——编者注

英文名：Ginger

拉丁名：*Zingiber officinale* Rosc.

别　名：生姜、白姜、川姜

科　属：姜科姜属

姜（Ginger）为姜科姜属能形成地下肉质根茎的栽培种，多年生草本植物，作一年生栽培。古名薑，别名生姜、黄姜等。因具有特殊的香辣味，用于调味料。

姜原产中国及东南亚等热带地区，约于1世纪传入地中海地区，由于古罗马帝国控制了香料贸易，生姜成为相当昂贵的香料。3世纪传入日本，11世纪传入英格兰，1585年传到美洲。现广泛栽培于世界各热带和亚热带地区，以亚洲和非洲为主，欧美栽培较少。

姜在中国自古栽培，湖北江陵战国墓葬、湖南马王堆汉墓等陪葬物中有姜。吕不韦所著《吕氏春秋》第十四卷《本味篇》有："和之美者，阳朴之姜"。书中所指"阳朴"即今日四川一地名。《史记·货殖列传》说："巴蜀亦沃野，地饶卮、姜……"西汉《别录》载有："生姜、干姜，生犍为川谷及荆州、扬州"，可见西汉姜主要在长江流域种植。到东汉，《四民月令》中已有"三月封生姜，俟其出芽后，四月栽种，九月收藏"的记载。这说明，东汉时期北方已开始进行生姜栽培了。北魏贾思勰《齐民要术》讲述了姜的栽培方法，但指出"中国，土不宜姜，仅可存活，势不可滋息。种者，聊拟药物小小耳。"文中所指的"中国"当时泛指北方气候寒冷地区。反映生姜种植当时在北方地区仍处于提倡试种阶段。宋代陆佃（1042—1102）著《埤雅》有："姜能疆御百邪，故谓之姜。初生嫩者其尖微紫，名紫姜，或作子姜，宿根谓之母姜也。"宋代苏颂于1061年编著的《本草图经》载有："生姜……今处处有之，以汉、温、池州者为良。"表明此时姜的种植已十分普遍。姜有多种用途，清代吴其濬在《植物名实图考》中有："姜为和、为蔬、为果、为药，用芽、用老、用干、用炮、用汁，其为用甚广。"因而古农谚有"养羊种姜，子利相当"之说。

英文名：Taro

拉丁名：*Colocasia esculenta* (L.) Schott.

别　名：蹲鸱、莒、土芝、独皮叶、接骨草、青皮叶、毛芋、毛芋、芋莨、水芋、芋头、台芋等

科　属：天南星科芋属

　　芋（Taro）为天南星科芋属中能形成地下球茎的栽培种，多年生草本植物，作一年生栽培。古名蹲鸱，别名芋头、芋芳、毛芋等。叶柄和花梗可作菜用。世界各地均有分布，以中国、日本及太平洋诸岛栽培最多。

　　芋原产于亚洲南部的热带沼泽地带。蔬菜学者吴耕民先生说："芋为印度、马来半岛等热带地方原产，在埃及、菲律宾、印度尼西亚等地盛行栽培。"芋的原始种生长在沼泽地带，经长期自然选择和人类培育形成了水芋、水旱兼用芋和旱芋等栽培类型，但至今仍保留着湿生植物的基本特征。野生芋的球茎及叶柄均不发达，涩味极浓，有的有毒，不能食用。《孝经援神契》中所说的"莒芋"和《史记·货殖列传》中所说的"蹲鸱"均为今之芋。据考证，现在滇西、藏东南一带，以及东南沿海的台湾、福建、广东、广西和浙江等省都发现有野生芋的分布。这说明，我国有着丰富的野生

芋资源，这样便为我们的先人在农业起源期栽培驯化芋而奠定了基础。

芋在中国的栽培历史悠久，据现有的古文献资料分析，我国古代栽培芋的重点产区有四川、广东和台湾等省。《史记·货殖列传》云："吾闻岷山之沃野，下有蹲鸱，至死不饥。"《五经正义》载："蹲鸱，芋也。"《华阳国志》亦说："汶山郡都安县有大芋如蹲鸱也。""汶"读"岷"，即岷山，汉汶山郡治所在汶江（今四川茂汶羌族自治县北）。岷山地区自汉即广植芋，至唐宋仍盛不衰。杜甫有"紫收岷岭芋"的诗句，苏轼被贬于儋州（今海南）时吃上芋，联想起家乡吃芋时的风味，也说："一饱忘故山，不思马少游。"苏轼的故乡是四川眉山，芋是他家乡的重要物产，他在《东坡杂记》中曾经说："岷山之下，凶年以蹲鸱为粮，不复疫疠，知此物之宜人也。"可见四川为我国芋的集中产地之一是能够成立的。广东自古以来也盛行栽培芋。韩琦（1008—1075）在《中书东厅十咏 山芋》和高濂（1573—1620）《遵生八笺》中称芋为"薯""蓣""山芋"等名。熟悉广东物产的清人屈大均说："东粤多薯。其生山中，纤细而坚实者，曰白鸥莳，似山药而小，亦曰土山药，最补益人。"芋类作物最早被驯化栽培是华南原始农业的重要特征。这表明，中国芋的栽培起源是无须向东南亚地区寻找故乡的。

英文名：Rhizome of edible yam

拉丁名：*Dioscorea esculenta* (Lour.) Burkill

别　名：甜薯、山芋、地瓜、番薯、红苕等

科　属：旋花科甘薯属

甘薯（Rhizome of edible yam）为旋花科甘薯属能形成块根的栽培种，一年生或多年生草质蔓生藤本植物。粮菜兼用，块根、嫩茎尖及嫩叶均可食用。

甘薯原产南美洲，由野生近缘种直接演变而成，秘鲁、厄瓜多尔和墨西哥等地仍有野生种及亲缘种。据考古发掘，在秘鲁古墓里发现了8000年前的甘薯块根，最大者长7.5厘米，中部膨大，已明显地显示出人工选择的痕迹。甘薯传出美洲的道路有两条，一条是在史前期就已经传播到太平洋波利尼西亚诸岛屿，之后又传到美拉尼西亚群岛，并由此而传入新西兰、澳大利亚等地。5世纪太平洋的一些岛屿已种植甘薯，至于传播的媒介至今也没有得到令人满意的答案。另一条是1492年哥伦布发现美洲大陆后，甘薯被从海地和多米尼加带到了西班牙。之后，传遍欧洲、非洲各地。1521年航海家麦哲伦做环球航行后，甘薯得以传到菲律宾。大约在同一时期，甘薯又由葡萄牙人带到马来西亚和印度尼西亚等东南亚地区，并扩散到越南等地。

16世纪末，即明万历年间甘薯传入中国，甘薯传入中国的途径大致也有两条：一是由越南传入广东地区，一是由吕宋传入福建地区。最早将甘薯引进中国的人可能是陈益，最早种植甘薯之地可能为广东。陈益为广东东莞北栅人，明万历八年（1580）陈益渡海去安南，引回甘薯。将甘薯自越南地区引入广东的另一个人物便是吴川人林怀兰，携归甘薯种在万历年间。为纪念林怀兰引种甘薯的功德，后在广东吴川县霞洞镇修"番薯林公庙"以祀之。将甘薯引种于福建地区有贡献者当数陈振龙。陈振龙为福建长乐县人，曾侨居经商吕宋，于明万历二十一年（1593）五月，密携薯藤，避过出境检查，经七昼夜航行回到福州，即在住宅附近纱帽池边隙地试种，比陈益引甘薯种入广东晚11年。清《金薯传习录》（1768）中记述：番薯种出海外吕宋，明万历间（1593），闽人陈振龙贸易其地，得藤苗及栽种之法入中国。明万历二十二年（1594）经由福建巡抚金学曾倡导，首先在福建推广栽培，其后逐渐推广到长江、黄河流域。现除青藏等高寒地区外，其他各地均有种植，华北、华东及西南各省为主要产区。

6 魔芋

英文名："Konjac

拉丁名："Amorphophallus rivieri Durieu.

别　名：蒟蒻芋、雷公枪、菎蒟、妖芋、蒟蒻、鬼芋等

科　属：天南星科魔芋属

魔芋（Konjac）为天南星科魔芋属中的栽培种群，多年生草本植物。魔芋为薯芋类蔬菜，以膨大的地下球状块茎供食用。魔芋块茎富含淀粉，有毒，需经石灰水漂煮后才可食用或酿酒，常用于制魔芋豆腐。有降血脂、降血清胆固醇及消肿攻毒的作用。

魔芋原产于非洲和东亚，是一种热带植物。热带及亚热带的亚洲国家普遍栽培，中国以云南和四川两省及长江中下游栽培较多。6世纪经朝鲜传入日本。

中国最早的记载见于公元前1世纪司马迁编撰的《史记》，魔芋古称"蒟蒻"，东汉许慎的《说文解字》解为："蒟，从草"，表示高而壮的样子。"蒻"可泛指植物的肉质根或肉质茎。西晋左思（约250—305）的名著《蜀都赋》载有"其圃则有蒟蒻茱萸"之句。表明距今1700多年前已有人工种植魔芋。魔芋自古便是中国古书中的药草之一，宋代开宝年间（968—976）成书的《开宝本草》（973—974）称为"蒻头"，宋代苏颂《本草图经》（1061）载有："江南吴中出白蒟蒻，亦曰鬼芋，生平泽极多。"明代李时珍《本草纲目》载有："蒟蒻出蜀中，施州亦有之，呼为鬼头，闽中人亦种之。"魔芋在古代也用于救荒，完成于元皇庆二年（1313）的《王祯农书》云："救荒之法，山有粉葛、蒟蒻、橡栗之利，则此物亦有益于民者也。"中国以云南、四川、广东及长江中下游栽培较多，是中国重要的创汇蔬菜。

英文名：Chinese artichoke

拉丁名：*Stachys sieboldii* Miq.

别　名：宝塔菜、地蚕、土人参、螺蛳菜、
地蕊、米累累、益母膏、罗汉菜、
旱螺蛳、地钮、地牯牛、甘露儿等

科　属：唇形科水苏属

⑦ 草石蚕

草石蚕（Chinese artichoke）为唇形科水苏属中能形成地下块茎的栽培种，多年生草本植物。块茎肉质脆，可制成蜜饯、酱渍、腌渍品。扬州罐藏螺丝菜是酱菜中之上品。

草石蚕原产中国，唐代已有著录。唐代陈藏器于739年成书的《本草拾遗》中因其块茎的外观很像僵蚕，故称之为"草石蚕"。草石蚕初为野生，北宋期间还只能在山间采集，大约在南宋至金元间逐渐成为栽培蔬菜。元朝初期的《务本新书》称为"甘露子"，有"然其味之美，亦诚足称其名矣。"以其味美名之。元代王祯（1271—1368）著《王祯农书》有："甘露子，蔬属也，苗长四五寸许，根如累珠，味甘而脆，故名甘露也……生熟皆可食，可用蜜或酱渍之，作豉亦得。"《农政全书》（1639）有栽培及利用的记载。明代李时珍《本草纲目》载有："草石蚕即今甘露子也。荆湘、江淮以南野中有之，人亦栽莳。"李时珍最终采用了"草石蚕"的称谓为正式名称，并将"甘露"等称谓改为别称。这一定论沿用至今。

草石蚕于17世纪末传入日本，1882年德国人布莱·施耐德（Bret Chneider）从北京带回德国试种，草石蚕开始引入欧洲，1900年后传到美国，但栽培面积较小。中国各地也只有零星种植。

⑧ 菊芋

英文名：Jerusalem artichoke
拉丁名：*Helianthus tuberosus* L.
别　名：菊薯、五星草、洋羌、番羌等
科　属：菊科向日葵属

　　菊芋（Jerusalem artichoke）为菊科向日葵属中能形成地下块茎的栽培种，别名洋姜、鬼子姜等。地下块茎含丰富菊糖、果糖多聚物。菊芋可炒食，但多为盐渍加工。

　　吴耕民先生1936年出版的《蔬菜园艺学》认为菊芋原产地有二说："一为波斯，于1617年传入欧洲；一为亚美利加[1]于17世纪自北美传入欧洲。"经近代学者考证，采信菊芋原产北美洲，现在美国东海岸种植有较大量的菊芋。法国探险家塞缪尔·德·尚普兰（Samuel de Champlain）从加拿大带回了菊芋的块根，之后菊芋很快在法国得以广泛种植。1617年菊芋由法国传入英国，1620年版的《牛津大字典》中载有"菊芋"。1632年德国引入菊芋，1633年意大利开始种植菊芋，其后逐渐成为欧洲的一种常见蔬菜。17世纪后期，由于马铃薯在欧洲的兴起，种植菊芋的热情逐渐被种植马铃薯所代替，菊芋的种植面积在欧洲逐年减少。一些人由于菊芋不规则的形状及菊芋表面斑驳不平，认为菊芋和麻风病有关，进而拒绝食用菊芋。这种情况直到第二次世界大战时，因食物的短缺，才有所转变。

　　19世纪70年代，菊芋由英国引入中国上海，现中国各地有零星栽培。按块茎皮色分有黄皮和白皮两个品种。国家标准《蔬菜名称（一）》（GB/T 8854—1988）中"菊芋"的称谓已被确认为正式名称。

1　亚美利加：一般指美洲（南美洲和北美洲的合称）。——编者注

（十一）水生类蔬菜

　　中国栽培的水生类蔬菜有莲藕、茭白、慈姑、水芹、荸荠、菱、芡、莼菜、蒲菜、豆瓣菜、水芋等10余种，大多为中国原产，栽培历史多在2000年以上，只有豆瓣菜引自欧洲，栽培历史也短。

英文名：Lotus root

拉丁名：*Nelumbo nucifera* Gaertn.

别　名：蓉玉节、玉玲珑、玉笋、玉臂龙、玉藕、雨草、玲珑腕等

科　属：睡莲科莲属

莲藕（Lotus root）为睡莲科莲属中能形成肥嫩根状茎的栽培种，水生草本植物，又称藕，是重要水生蔬菜之一。莲藕栽培品种很多，依用途不同可分为藕莲、子莲和花莲三大系统。

莲藕起源于中国和印度。《诗经》中有"彼泽之陂，有蒲与荷"的诗句。2000年前的《尔雅·释草》中即有详细介绍，书中说："荷，芙蕖……其根藕"。明确指出荷的地下部分称为"藕"。司马相如（公元前179—公元前118）在《上林赋》中关于"唼喋菁藻，咀嚼菱藕"之句，可以推知早在公元前100多年的西汉时期，民间已把莲藕作为蔬食了。北魏贾思勰撰《齐民要术》中有种莲子法，可见当时莲藕已作为蔬菜栽培。莲藕作为药用在中国也有2000年以上的历史。南北朝时期陶弘景（456—536）辑《名医别录》中提及"莲藕"具有凉血和散瘀的功能。唐代诗人韩愈（768—824）曾有"冷比雪霜甘比蜜，一片入口沈痼痊"之赞。李时珍撰《本草纲目》（1552—1578）中有"藕可交心肾，厚肠胃，固精气，强筋骨，补虚损，利耳目，除寒湿，止脾泄"的记载。"历代医药典籍多有记载，如在《神农本草经》《本草拾遗》《本草备要》等本草典籍中都有据可查。

莲藕分为红花藕、白花藕和麻花藕三种。红、白花藕品种不同，用途也不同。红花藕不仅花型大，粉红色的荷花可供观赏，而且果实个大，籽粒饱满、好吃，其下部的根茎却不发达；而白花藕花型较小，莲子不如红花的莲子好吃，但白花藕的根茎却很发达，藕节较粗壮、节长还好吃，故民间有"红花莲蓬，白花藕"的说法。中国各省普遍栽培，以长江三角洲、珠江三角洲、洞庭湖、太湖为主产区。印度的栽培历史也很悠久。日本、东南亚各国、俄罗斯南部及非洲各国也有分布，欧美国家仅作为观赏栽培。

英文名：Chinese arrowhead

拉丁名：*Sagittaria trifolia* var. *sinensis* Sims

别　名：华夏慈姑、藉姑、槎牙、茨菰、白地粟等

科　属：泽泻科慈姑属

2 慈姑

慈姑（Chinese arrowhead）为泽泻科慈姑属中能形成球茎的栽培种，多年生草本植物水生类蔬菜。球茎可煮食、炒食和制淀粉，亦可入药。慈姑原产中国。亚洲、欧洲、非洲的温带和热带地区均有分布。欧洲多用于观赏，中国、日本、印度和朝鲜用作蔬菜。中国分布于长江流域及其以南各省，太湖沿岸及珠江三角洲为主产区，北方有少量栽培。

慈姑最早著录可见于晋代嵇含（263—306）所撰《南方草木状》，称其为"茨菰"。南北朝陶弘景（456—536）辑《名医别录》中有："生水田中……状如泽泻……其根黄似芋子小，煮之亦可啖"。"慈姑"一词可见唐代李绩、苏敬等编撰的《新修本草》[1]，书中已采用此称谓。《新修本草》载："慈姑叶如剪刀，茎如嫩蒲。开小白花，蕊深黄色，五六月采叶，正二月采根。"慈姑在宋代开始驯化，由野生逐渐转为栽培。明代王象晋（1561—1653）编撰的《群芳谱》将慈姑列入《果谱》部分，但在明末杰出的科学家徐光启（1562—1633）所著《农政全书》中将慈姑列入蓏部，表明当时慈姑并未完全作为蔬菜食用。《农政全书》载："一名藉姑，一根岁生十二子，如慈姑之乳诸子，故名。"书中有栽培方法的介绍。明代以后在南方地区广泛栽培，已完全作为蔬菜食用。

中国明代晚期杰出的文学艺术家徐渭（1521—1593）在其《侠客》一诗中有："燕尾茨菰箭，柳叶梨花枪"句中的"燕尾"和"箭（搭）"都是慈姑的异称。五个汉字中，含有慈姑的三种称呼，实为巧妙。

1　《新修本草》又名《唐本草》。——编者注

英文名：Water bamboo

拉丁名：*Zizania caduciflora* (Turcz.ex Trin.)Hand.-Mazz.

别　　名：菰笋、菰米、茭儿菜、茭笋、菰实、菰菜、茭首、高笋等

科　　属：禾本科菰属

③ 茭白

茭白（Water bamboo）为禾本科菰属多年生宿根水生草本植物。茭白地上的短缩茎可以抽生出花茎，花茎由叶和叶鞘互相抱合形的"假茎"所包裹。在假茎内，肉质花茎始终保持洁白，故名"茭白"，将叶鞘剥去，净留食用部分通称"茭肉"或"玉子"，炒食或做汤。

茭白原产中国，由同种植物菰演变而来。菰在古代中国作为谷物食用，《周礼·天官·膳夫》中将菰列为六谷之一，在作粮食时，称为"雕胡"。公元前3—公元前2世纪，菰开始向茭白演变，这是茭白作为蔬菜的最早记载。在中国2000年前解释词义的专著《尔雅》中称"出隧""蘧蔬"。东晋著名学者郭璞（276—324）注曰："蘧蔬似土菌，生菰草中。今江东啖之甜滑。"晋代葛洪（283—368）所辑《西京杂记》中也记述有西汉皇宫太液池内生长着茭白，并指出："菰之有米者，长安人谓之雕胡……菰之有首者，谓之绿节"这些都是原始型的茭白。"茭白"一称，早期可见于宋代苏颂的《本草图经》："即菰菜也，又谓之茭白，生熟皆可啖，甜美。"宋末元初吴自牧所著《梦粱录·菜之品》中记述杭州菜市有茭白出售，说明当时已将茭白作为商品菜生产。

16世纪前的茭白均为短日照植物，只有在秋季日照转短后才能有茭。16世纪后，江苏太湖地区出现两熟茭，该品种对日照长短要求不严，初夏和秋季均可采茭。中国茭白主要分布在中国长江流域以南各地，华北地区有零星栽培。据报道，美洲也有茭白，但当地茭白无茭白黑粉菌的侵染，只能开花结实，不能生出茭白。

英文名：Water chestnut

拉丁名：*Eleocharis tuberosa* (Roxb.) Roem.et Schult

别　名：马蹄、水栗、凫茈、乌芋、菩荠、地栗、钱葱、刺龟儿、蒲球等

科　属：莎草科荸荠属

④ 荸荠

荸荠（Water chestnut）为莎草科荸荠属能形成地下球茎的栽培种，多年生浅水生草本植物。以地下球茎供食，可生食、炒食、煮食，也可加工罐藏。

荸荠原产中国和印度。中国栽培历史悠久，《尔雅·释草》中称为："芍，凫茈也"。东晋郭璞（276—324）注："生下田，苗似龙须（草）而细，根如指头，黑色，可食。"荸荠原为野生，野生的荸荠多用于荒年充饥果腹，《后汉书·刘玄刘盆子列传》载有："王莽末，南方饥馑，人庶群入野泽，掘凫茈而食之"。南北朝时，由于人为的干预，凫茈的地下茎逐渐变得膨大，成为扁球形。故陶弘景（456—536）在《名医别录》中称之为"乌芋"，夸张其球茎大小已似"芋头"，但当时人们把乌芋与慈姑混为一谈。至明代，李时珍注意到乌芋具有叶片退化的特征，于是明确提出："乌芋、慈姑原是二物。慈姑有叶，其根散生。乌芋有茎无叶，其根下生"。"荸荠"的称谓最早可见于寇宗奭编著的《本草衍义》（宋政和六年，1116）："乌芋今人谓之荸荠。皮浓、色黑、肉硬白者，谓之猪荸荠。皮薄、泽色淡紫、肉软者，谓之羊荸荠。正二月，人采食之。此二等，药罕用。荒岁，人多采以充粮。"明代徐光启（1562—1633）所著《农政全书》记载有荸荠的种植方法，表明在南方长江流域荸荠已有人工栽培了。

荸荠按球茎淀粉含量可分为水马蹄类型和红马蹄类型。前者淀粉含量高，适于熟食和提取淀粉；后者肉质甜嫩，渣少，适于生食和加工罐藏。中国长江流域以南各省均有栽培，长江以北的山东、河北有少量栽培。朝鲜、越南、日本、印度及美国也有栽培。

芡（Gordon euryale）为睡莲科芡属中的栽培种，多年生水生草本植物，作一年生栽培。

芡原产东南亚，中国自古栽培。芡在中国古代典籍中多有著录，《庄子》名"鸡雍"；《管子》名"卵菱"；《古今注》名"雁头"，亦曰"雁喙"；《淮南子》注有"鸡头，芡也"。西汉末年扬雄整理的《方言》云："南楚谓之鸡头，青徐淮泗谓之芡子。"《汉书·循吏传·龚遂》载：汉宣帝（74）命龚遂治理渤海郡，龚遂致力发展农业，使得百姓"益蓄果实菱芡"。说明早在2000多年前芡已广为种植。北魏贾思勰在《齐民要术》（533—554）中总结了种芡的方法："八月采芡，擘破，取子，散着池中，自生。"明代徐光启编著的《农政全书》（1639）则对芡的栽培有了更详细的描述。初始，人们采集芡代粮充饥，但随医家的推崇，芡逐渐被人重视。陶弘景（456—536）在《名医别录》中云："仙方取此合莲实饵之，甚益人。"

英文名：Gordon euryale

拉丁名：*Euryale ferox Salisb.*

别　名：芡实、鸡头米、卵菱、鸡雍、鸡头实、雁喙实、雁头、乌头、鸿头、水流黄、水鸡头、刺莲蓬实、刀芡实、鸡头果、苏黄等

科　属：睡莲科芡属

苏敬等编撰的《新修本草》载："作粉食，益人胜于菱也。"至唐代，野食用芡成为风尚。到了宋代，芡已成为皇家祭祀用的祭品。据《宋史·礼记》记载：宋仁宗景祐三年（1036）朝廷决定每年夏季的第3个月份，遴选上等芡和菱作为帝王祭祖时的"荐新"物品。仿效皇家，民间冬至祭祖时，也多陈放芡、莲藕、山药等物。

芡分无刺种和有刺种。前者为栽培种，称南芡，叶面绿色无刺，叶背紫红，着生硬刺；后者为野生种，称北芡，叶面、叶背均有刺。在历史上，芡多列为谷粮一类。但其嫩茎是可作菜用的，元代《王祯农书》（1313）有："其茎之柔嫩者名为'蔌'，人采以为菜茹。"今人多食用成熟种子的种仁，而用其嫩茎叶入菜或做汤者少。南芡又称苏芡，花色分白花、紫花两种，比北芡叶大。紫花芡为早熟品种，白花芡为晚熟品种，南芡主要产于江苏太湖流域。

科　属：菱科菱属

别　名：菱角、风菱、乌菱、菱实、薢茩、芰实、蕨攗等

拉丁名：*Trapa bispinosa* Roxb.

英文名：Water chestnut

6 菱

菱（Water chestnut）为菱科菱属中的栽培种，一年生蔓生水生草本植物。种仁通称菱米或菱肉，可生食、熟食或制菱粉。

菱古名"芰"，《本草纲目》解释："其叶支散，故字从支，其角棱峭，故谓之菱"。《尔雅》中名"薢"。菱在我国长江流域水荡地区，大约在1万年以前就野生于水中。考古工作者先在浙江的余姚河姆渡、嘉兴马家浜、吴兴钱山漾等地发现出土菱，其后在西汉长沙马王堆三号墓地也发现菱，足证新石器时代菱已成为古人类的食粮。古人也常把菱作为祭祀之用，《周礼》载："加笾之实，薢、芡……"，这种风俗一直延续到今日。陶弘景（456—536）在《名医别录》中云："芰实，庐、江间最多，皆取火燔以为米充粮，今多蒸暴食之。"唐高宗显庆四年（659）由李绩、苏敬等编撰《新修本草》云："菱，作粉极白润宜人。"宋代苏颂的《图经本草》（1061）赞誉菱"实有二种，一种四角，一种两角。又有青紫之殊……食之尤美。"宋代寇宗奭编著的《本草衍义》（1116）载："煮熟取仁食之，代粮"。元代《王祯农书》（1313）有："生食性冷，煮熟为佳。蒸作粉，蜜和食之，尤美。江淮及山东曝其实以为米，可以当粮。"李时珍《本草纲目》曰："嫩时剥食甘美，老则蒸煮食之。"又有："……曝干，剁米为饭、为糕、为粥、为果，可代粮。"

从上述记载可以看出，历代菱均列为粮、果之属，古人将菱视为"粮"，或视为"果"，未见有视为蔬者。但菱确可入菜，且味道鲜美。《中国农业百科全书：蔬菜卷》将其列入"水生蔬菜"，确实明确了菱的又一功能。菱原产欧洲和亚洲的温暖地区，只有中国和印度进行了驯化和栽培利用。我国主要产于珠江三角洲、洪湖等地，除此之外陕西南部、安徽、江苏、湖南、江西、浙江、福建、广东、台湾等地也普遍栽培。

英文名：Water cress

拉丁名：*Nasturtium officinale* R. Br.

别　名：西洋菜、东洋草等

科　属：十字花科豆瓣菜属

⑦ 豆瓣菜

豆瓣菜（Water cress）为十字花科豆瓣菜属中的栽培种，一年生或二年生水生草本植物，可炒食、做汤或做沙拉食用。

豆瓣菜原产地中海东部，南亚热带地区及中国也有野生种。早在公元前1世纪，人们就知道豆瓣菜可作药用，生活在那个时代的希腊博物学家狄奥斯科里迪斯（Dioscorides）在其著作中曾描述过豆瓣菜。但一直未被栽培，只是在欧洲和亚洲西部的许多浅溪中大量野生。公元77年左右古罗马人和波斯人首先利用。公元14世纪初英国和法国有栽培，以后传到美国、南非、澳大利亚和新西兰。日本明治维新之初（1870）由外国传教士带入日本，最初野生，在东京上野水溪旁随处可见。其后进入栽培，现已成为日本重要的蔬菜。

豆瓣菜的拉丁文学名为*Nasturtium official* R. Br.，是由19世纪英国植物学家罗伯特·布朗（Robe Brown）命名的，其中种加词"*official*"即有"药用的"含义。中国的栽培种大约在19世纪末经由欧洲传入，最初在香港、澳门及广东等地栽培；其后又多次引进新品种。现广东、广西、台湾、上海、福建、四川，云南等地都有栽培，其中以广东栽培历史最久，栽培面积最大。

英文名：Water shield

拉丁名：*Brasenia schreberi* J. F. Gmel.

别　名：水葵、莼、菁菜、马蹄菜、湖菜等

科　属：睡莲科或莼菜科莼菜属

8 莼菜

　　莼菜（Water shield）为睡莲科莼菜属中的栽培种，多年生宿根水生草本植物，古名茆、凫葵。食用部分为嫩梢和初生叶。莼菜做汤，鲜美润滑，自古作为珍贵蔬菜之一。

　　莼菜原产中国，分布于亚洲东部、南部，非洲，大洋洲和北美洲。莼菜在中国栽培历史悠久，在先秦时称为"茆"。《诗经·鲁颂·泮水》有"思乐泮水，薄采其茆"之句。《周礼·天官冢宰》中记述的"七菹"包括"茆菹"，茆菹即用莼菜腌渍的食品。《晋书·文苑传·张翰传》有西晋时张翰因思念家乡的莼菜和鲈鱼，而毅然辞官归隐，留下了"莼羹鲈脍"之典。唐代白居易诗云："犹有鲈鱼莼菜兴，来春或拟往江东。"宋代苏轼诗云："若问三吴胜事，不惟千里莼羹。"均表明了莼菜在当时人们心目中占有极高的地位。陆玑在《诗义疏》中对莼菜有详细的描述："茆与荇菜相似，叶大如手，赤圆有肥者，着手滑不得停，茎大如匕柄，叶可以生食，又可鬻，滑美。江南人谓之莼菜，或谓之水葵，诸陂泽中皆有。"北魏贾思勰在《齐民要术》（533—544）中载有"种莼法"，记述了莼菜的生长习性："莼性易生，一种永得。易洁净，不耐污，粪秽入池即死矣。"

　　莼菜在中国黄河以南所有沼泽池塘都有生长，尤其以江苏的太湖、苏北的高宾湖以及杭州的西湖等地生产为多，以西湖莼菜为佳。国务院1999年8月4日批准，将莼菜列入国家一级重点保护野生植物。

英文名：Common cattail

拉丁名：*Typha latifolia* L.

别　名：深蒲、蒲荔久、蒲笋、蒲芽、蒲白、蒲儿根等

科　属：香蒲科香蒲属

　　蒲菜（Common cattail）为香蒲科香蒲属中的栽培种，多年生水生宿根草本植物。不同品类的蒲菜分别以假茎、匍匐茎先端的嫩芽和短缩茎供食，可炒食或烹调汤菜，味清淡、爽口。

　　蒲菜原产中国的湖荡、沼泽等浅水地区。《诗经·陈风·泽陂》反复吟咏道："彼泽之陂，有蒲有荷……彼泽之陂，有蒲与蕳。彼泽之陂，有蒲菡萏。"《诗经·大雅·韩奕》有："其蔌维何？维笋及蒲。"东汉古籍《神农本草经》将蒲列入"草类"上品之中。陶弘景（456—536）在《名医别录》中云："香蒲生南海池泽。"表明当时蒲还处于野生状态。到6世纪南北朝南梁时期，在江南皇家园林中已有人工栽培的蒲菜。南朝梁元帝萧绎曾留下"池中种蒲叶，叶影荫池滨"的诗句。659年，由唐代李绩、苏敬等编撰的《新修本草》载："香蒲即甘蒲，可作荐者。春初生，取白为菹，亦堪蒸食。"当时民间已种植蒲菜，作为蔬菜食。宋代苏颂在《本草图经》中说："香蒲，蒲黄苗也。处处有之。以泰州者为良。"元代王祯（1271—1368）所著《王祯农书》中的《农桑通诀》曰："四月，拣绵蒲肥旺者，广带根泥移出于水地内栽之。次年即堪用。"宋元时期，官府重视农桑，蒲菜种植得以推广。至明清之后，蒲菜种植已十分普及。清代陈元龙（1625—1736）的《格致镜原》称："蒲草丛生，多种于田间。"

　　全国各地都有零星种植，以黄河流域以南的沼泽地区为主，山东和云南所产蒲菜最佳。1927年，周世铭所著《济南快览》一书中记载："大明湖之蒲菜，其形似茭白，其味似笋，遍植湖中，为北方数省植物菜类之珍品。"

（十二）海藻类蔬菜

海藻类蔬菜含丰富的钙、铁、钠、镁、磷、碘等矿物质元素。常食海藻食品可有效地调节血液酸碱度，避免体内碱性元素（钙、锌）因酸性中和而被过多消耗。

英文名：Kelp

拉丁名：*Laminaria japonica*

别　名：纶布、江白菜、昆布等

科　属：海带科海带属

海带（Kelp）为海带科海带属中形成肥厚带片的栽培种，一年生或二年生海藻。

海带起源于白令海峡和鄂霍次克海的千岛，以及日本北海道和本州岛北部太平洋沿岸。在日本海形成后，又发展到北海道西岸、库页岛及日本海西部包括朝鲜元山以北的沿海地区，在太平洋沿岸有自然分布。海带很早就由沿海输入我国内地，中国食用海带已有千年以上的历史。秦汉时期的《尔雅》已有关于海带产于"东海"的记载。南北朝时期陶弘景（456—536）的《名医别录》则指出："维出高丽"。

唐代中期诗人刘禹锡（772—842）曰："海带，出东海水中石上，似海藻而粗，柔韧而长……医家用以下水，胜于海藻、昆布。"此条史料表明，在唐代中期，已有"海带"一名，并已将海带和海藻、昆布加以区别。其后成书于宋仁宗嘉祐二至五年（1057—1060）的《嘉祐补注本草》及明代李时珍《本草纲目》等著作中均采用"海带"一名。1927年，真海带（海带的一个变种）由日本传入中国大连海区，1930年后开始绑苗投石进行海底繁殖。1946年由大连移植到山东半岛北岸烟台沿海，继而于1951年移到青岛沿海。自1952年起，海带筏式栽培、低温育夏苗、施肥段培、南移栽培等试验成功后，栽培面积大幅度增加，1957年迅速扩大到浙江，福建沿海。现北起辽宁、南至福建连江的沿海地区都有人工栽培的海带，产量居世界首位。目前除日本外，其他国家尚未进行海带的大规模商品性栽培。

② 紫菜

英文名：Laver

拉丁名：*Pyropia/Porphyra spp.*

别　名：紫英、灯塔菜、索菜等

科　属：红毛藻科紫菜属

　　紫菜（Laver）为红毛藻科紫菜属中叶状藻体可食的种群，以叶状藻体供食用，营养丰富，多用于汤料。紫菜主要分布于亚热带和温带地区的沿海。中国以福建沿海为主要产地，其次是浙江沿海。紫菜属约有30种，中国有10种，其中有7种可作为栽培种。

　　中国食用紫菜的历史悠久，其历史可以追溯到3世纪的西晋时期。文学家左思（250—305）在其名著《三都赋·吴都赋》中有"江蓠之属，海苔之类，纶组紫绛，食葛香茅。"当时我国江南地区的海产蔬菜已有"纶、组、紫、绛"。其中的"紫"即指"紫菜"。到南北朝时期，南朝的《吴郡缘海记》记载了"吴都海边诸山，悉生紫菜"的相关内容。同一时期问世的《食经》则记录了我国南方以紫菜为佐食的烹制方法。北魏贾思勰著《齐民要术》有："紫菜，冷水渍，少久自解。但洗时勿用汤，汤洗则失味矣。"使得"紫菜"为世人广泛认知。唐代《本草拾遗》和《食疗本草》等著作对其药用功能进行了探索。孟诜（621—713）所著《食疗本草》中有："紫菜生南海中，附石。正青色，取而干之则紫色。"

　　唐、宋两代，"紫菜"作为贡品正式写入官方史册《新唐书》和《宋史》两部巨作中的《地理志》记载：唐代的海州东海郡（今江苏省连云港市），以及宋代福建路的福州（今福建省福州市），每年都要向朝廷进贡"紫菜"。明代李时珍的《本草纲目》将其列入"蔬部"。到清初，福建平潭开始人工栽培。

英文名：Gelidium
拉丁名：*Gelidium amansii* Lamouroux
别　名：鸡脚菜、海冻菜、红丝、凤尾等
科　属：石花菜科石花菜属

③ 石花菜

石花菜（Gelidium）为石花菜科石花菜属海生藻类蔬菜。石花菜是红藻中的一种，以藻体供食用。

石花菜在中国医书中多有著录，宋代寇宗奭撰《本草衍义》（1116）有："石花，白色……每枝各槎牙，分歧如鹿角……多生海中石上"。元代吴瑞的《日用本草》[明嘉靖四年（1525年刊本）]中称石花菜为"琼芝"。明代宁原的《食鉴本草》及李时珍的《本草纲目》均有著录。石花菜是提炼琼脂的主要原料。琼脂又叫洋菜、洋粉、石花胶，日本称为"天寒"。琼脂是一种重要的植物胶，属于纤维类的食物，可溶于热水中。琼脂可用来制作冷食、果冻或微生物的培养基。石花菜通体透明，口感爽利脆嫩，历来为人青睐。西汉著名的辞赋家枚乘在《七发》中为生病的楚太子设计了一桌精美的宴席，其中就有"犓牛之腴，菜以笋蒲。肥狗之和，冒以山肤"的佳肴。"冒以山肤"即盖上石花菜。明代李时珍的《本草纲目》载有："石花菜生南海沙石间。高二三寸，状如珊瑚，有红、白二色，枝上有细齿。以沸汤泡去砂屑，沃以姜、醋，食之甚脆。"石花菜现已成为大众常用的食品。

石花菜属的经济种类除石花菜外，还有小石花菜、大石花菜、中肋石花菜和细毛石花菜等。中肋石花菜多产于日本，有"鬼石花菜"的称呼。

英文名：Eucheuma

拉丁名：*Eucheuma muricatum*

别　名：鸡脚菜、鸡胶菜等

科　属：红翎菜科麒麟菜属

麒麟菜（Eucheuma）为红翎菜科麒麟菜属海生藻类蔬菜，以分枝、圆柱状的藻体供食。该属全世界有30多种，中国有麒麟菜（*E. muricatum*）、琼枝（*E. gelatinae*）、珍珠麒麟菜（*E. okamurai*）、锯齿麒麟菜（*E. serra*）等。麒麟菜的藻体呈分枝状的圆柱体，其外观既像中国古代传说中的瑞兽"麒麟"，又似鹿头上的"犄角"，所以被称为"麒麟菜""鸡脚菜"。

麒麟菜原产中国和日本，主要分布在热带和亚热带海区，以赤道为中心，向南北两方延伸。产量最多的国家为菲律宾，其次为中国，在澳大利亚、新西兰、印度尼西亚、马来西亚、日本等也有一定的数量分布。麒麟菜多为自然生长，在中国主要产于台湾、福建、广东和海南等地区。多附生在珊瑚礁的岩石上，每年夏秋为采收旺季。进行人工养殖的国家主要为菲律宾和中国，养殖场首先要求海水的透明度大、水质清澈、水流通畅，水温周年不低于20℃的外海海区；其次，珊瑚礁群连绵，海底平坦，退潮后藻体不会露空干燥，且敌害生物较少。现在普遍养殖的是异枝麒麟菜，该品种来自菲律宾。

中国食用麒麟菜历史悠久，清代赵学敏的《本草纲目拾遗》载："麒麟菜，出海滨石上，亦如琼枝菜之类，琼州府海滨亦产。今人蔬食中多用之，煮食亦酥脆；又可煮化为膏，切片食。"周煌的《琉球国志略》有："鸡脚菜、麒麟菜，俱生海滩上，颇相似，有黄、白二种。"另据吴振棫的《养吉斋丛录》披露，清道光年间（1821—1850）麒麟菜还成为山东巡抚每年端阳节向朝廷进献的贡品。

　　鹿角菜（Pelvetia）为鹿角菜科藻类蔬菜。别称"猴葵"，以藻体供食用。

　　鹿角菜原产于中国。多生长在中潮带和高潮带下部的岩石上，常丛生成群。中国沿海，北起辽东半岛，南至雷州半岛均有分布。鹿角菜在中国食用历史悠久，南北朝时期沈怀远撰《南越志》已有着录："猴葵一名鹿角。盖鹿角以形名，猴葵因其性滑也。"当时"猴葵"为正名，"鹿角"为别名。北魏贾思勰的《齐民要术》把其纳入"非中国物产者"的"菜茹"条目中。所谓"非中国物产者"，当时指不是中国北方的物产。到了唐代，作为药食同源的典型范例，鹿角菜又被孟诜（621—713）收入《食疗本草》一书。五代南唐陈士良《食性本草》"鹿角菜"条载："出海州，登、莱、沂、密诸处海中。"宋代掌禹锡等编辑的《嘉祐补注本草》（1057—1060）也收有鹿角菜，曰："生海中"。李时珍在《本草纲目》（1552—1578）中对鹿角菜有详细的描述："生东南海中石崖间。长三四寸，大如铁线，分丫如鹿角状，紫黄色。土人采曝，货为海错，以水洗醋拌，则胀起如新，味极滑美。若久浸则化如胶状，女人用以梳发，粘而不乱。"

　　鹿角菜可用于提炼卡拉胶。卡拉胶具有可溶性膳食纤维的基本特性，在体内降解后的卡拉胶能与血纤维蛋白形成可溶性的络合物，广泛用于果冻、布丁、软糖、肉制品、冷饮、乳制品等食品生产。

（十三）其他蔬菜

中国栽培的杂类蔬菜种类很多，包括笋用竹、芦笋、黄花菜、百合、香椿、枸杞、草莓、黄秋葵、蘘荷、菜用玉米、朝鲜蓟、辣根、桔梗及食用大黄计14种。除芦笋、朝鲜蓟、辣根、黄秋葵、草莓、桔梗外，中国是其余蔬菜作物的原产国，或是原产国之一，有着悠久的栽培历史。

英文名：Day lily

拉丁名：*Hemerocallis citrina Baroni.*

别　名：金针菜、安神菜、健脑菜等

科　属：百合科萱草属

① 黄花菜

　　黄花菜（Day lily）为百合科萱草属中能形成肥嫩花蕾的宿根多年生草本植物。别名萱草，干制品名金针菜。主要栽培种有北黄花菜、小黄花菜和萱草。

　　黄花菜原产亚洲和欧洲，中国山地有野生种。黄花菜在中国自古栽培，最早记载可见《诗经·卫风·伯兮》篇，有"焉得谖草，言树之背"之句。谖草，即萱草。晋代周处（236—297）所著《风土记》中有"（萱）花曰宜男，妊妇佩之，必生男，又名萱草"。晋太子太傅丞崔豹撰《古今注》（290）载："欲忘人之忧，则赠以丹棘。丹棘一名忘忧草"，古人又称萱草为"忘忧草"。宋代苏颂《本草图经》（1061）记载："萱草处处田野有之，俗名鹿葱。五月采花，八月采根。今人多采其嫩苗及花跗作为菹食。"表明当时"萱草"处于野生，尚未人工栽培。但以采收"花跗"入蔬。

　　宋代以后，仍以食用花器及其颜色命名，称之为"黄花菜"。而"金花菜"的称谓始见于明代兰茂（1397—1470）编著的《滇南本草》。据记载，明弘治元年（1488），湖南省祁东县官家嘴镇永年村村民管福民、管福顺兄弟在该村的大福园、豆子园开始移种培育黄花菜。成书于1578年的《本草纲目》载有："萱，宜下湿地，冬月丛生，叶如蒲蒜辈而柔弱，新旧相代，四时青翠……今东人采其花跗干而贷之，名为黄花菜。"印证了明代已有黄花菜人工栽培，并已有黄花菜的干制品应市了。

英文名：Edible lily

拉丁名：*Lilium lancifolium* Thunb.

别　名：强瞿、番韭、山丹、倒仙等

科　属：百合科百合属

②百合

　　百合（Edible lily）为百合科百合属中能形成鳞茎的栽培种群，多年生宿根草本植物，古名"番韭"。以地下肉质鳞茎供食，花供观赏。百合原产亚洲东部的温带地区，中国、日本及朝鲜野生百合分布甚广。中国食用野生种百合遍及南北26个省。

　　中国利用百合的历史可以追溯到公元前的秦汉时期，《神农本草经》把它作为药物收入"草部"，列为中品。到了汉朝时期除去药用以外，在今河南的南阳地区人们还将其作为蔬菜进行人工栽培。东汉时曾把现今河南的南阳定为"南都"。当时的著名学者张衡（78—139）在其歌颂"南都"的《南都赋》中曾有过"若其园圃，则有蓼蕺蘘荷，薯蔗姜𧄔，菥蓂芋瓜"的记载。陶弘景（456—536）所著《名医别录》中载："近道处处有，根如胡蒜，数十片相累，人亦蒸煮食之。"唐代韩鄂的《四时纂要》以及五代十国时期徐锴的《岁时广记》也都留下过关于"二月种百合法：宜鸡粪"的技术要领。宋代罗愿所著《尔雅翼》中提及了百合的古名"番韭"，指出番韭就是百合，并说："百合蒜，根小者如大蒜，大者如椀，数十片相累，状如白莲花，故名百合花，言百片合成也。"

　　人工栽培的百合又称"家百合"，主要有普通百合、川百合和卷丹百合三种。优良品种包括有龙牙百合、兰州百合、宜兴百合等。在欧美等国，百合作为观赏植物。法国将百合花收入国徽图案，智利将其作为国花。基督教复活节时，人们还将百合花作为一种装饰品。

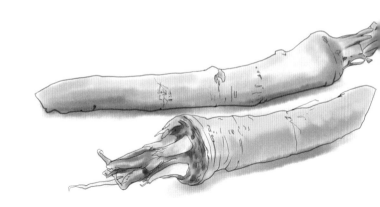

英文名：Horse-radish

拉丁名：*Armoracia rusticana*
(Lam.) Gaertn.

③ 辣根

别　名：马萝卜、山葵萝卜等

科　属：十字花科辣根属

辣根（Horse-radish）为十字花科辣根属中的栽培种，多年生草本植物。肉质根有特殊的辣味，可鲜食；也可磨碎后干藏，做调料用。

辣根原产于欧洲的东部和西亚的土耳其一带，已有2000多年的栽培历史。中世纪在欧洲已成为蔬菜。17世纪传入美国后，成为美洲广泛的辛香类根菜。辣根是犹太人所谓的五种苦菜之一，也是犹太人最重要的节庆"逾越节"中的必备食品之一。《圣经·民数记》中记载："他们要在二月十四日黄昏的时候，守逾越节。要用无酵饼与苦菜，和逾越节的羊羔同吃。"

20世纪后，由于研究发现辣根具有较强的辅助抗癌效果，得以被广泛利用。在欧美国家"芥末"二字可说是一种统称，实际上包括至少三种不同的十字花科植物，包括了芥末、山葵和辣根的各种形态调味料。美式芥末酱都是由辣根制作的，常见有鲜黄色膏状和黄白色膏状两种形态，前者最常见，热狗搭配必备，价格较低，味道较温和；后者以新鲜辣根研磨加上奶油制成，有清新的香气并带辛辣，但不像日本山葵那么呛鼻，常用来配烤鸡、牛排和香肠吃。

中国清末将辣根从英国引入上海。日本19世纪从美国引进后，我国台湾于1982—1984年由日本引进，并大量推广栽培。青岛、上海郊区栽培较早，现在上海、北京、青岛、大连等沿海城市有栽培。其他城郊或蔬菜加工基地也有少量栽培，以保鲜或加工脱水后出口为主，深受日本及欧洲各国消费者的欢迎。

科　　属：仙人掌科量天尺属

别　　名：霸王花、三棱箭、三角柱、
　　　　　剑花等

拉丁名：*Hylocereus undatus* (Haw.)
　　　　Britt. et Rose

英文名："Nightblooming cereus

④ 量天尺

量天尺（Nightblooming cereus）为仙人掌科量天尺属多年生草本植物。英文名"Nightblooming cereus"可译为"夜间开花的仙人掌"。茎部生气生根，逐节攀援生长，其长度可达10米以上，故有"量天尺"之名。又因其有着硕大的花朵，又称"大王花"。其花可作菜蔬食用，味道清鲜，口感滑腻。鲜花干制品是蔬菜中佳品，尤以做汤最妙；入药有清肺热和滋补之功效。

量天尺原产美洲墨西哥至巴西一带，为一种典型的热带植物，适于高空气湿度、高温及半阴环境。多分布在中美洲至南美洲北部，欧美国家将其作为观赏花卉。由于其生长力强盛，在夏威夷、澳大利亚东部逸为野生。中国台湾于1645年由荷兰引进，其后扩展到福建（南部）、广东（南部）、海南以及广西（西南部），并逸为野生。

量天尺除花供食外，果也可食。《中国农业百科全书：蔬菜卷》"霸王花"条目有："果实长圆形，成熟时红色，长约10厘米。果肉白色，可食"。早期的量天尺结果率低，果实小，并无食用价值。通过不断地品种选育，培育出了具有果型大、皮色艳、果肉多等特色的品种。现在市场上常见的火龙果其实就是量天尺的果用栽培品种。火龙果因其外表肉质鳞片似蛟龙外鳞而得名。其光洁而巨大的花朵绽放时，飘香四溢，观之使人有吉祥之感，因而也称"吉祥果"。火龙果在我国台湾栽培较多，已有十七八年的历史，目前已在海南、广西、广东、福建等省区有较大面积的栽培。近年有红心红龙果面世，深受消费者青睐。

英文名：Rheum rhaponticum
拉丁名：*Rheum officinale* Baill.
别　名：圆叶大黄等
科　属：蓼科大黄属

⑤ 食用大黄

　　食用大黄（Rheum rhaponticum）为蓼科大黄属多年生草本植物。食用大黄以叶柄供食，欧美国家用叶柄煮熟、滤渣、加糖制酱，也可作为糕点馅料。食用软化栽培的叶柄可利便。大黄拉丁学名为 *Rheum officinale* Baill.，其种加词"officinale"有"药用"的含义，是医药上用的大黄。现今食用的大黄通常有两种，即*Rheum undulatum* Linn.（波叶大黄）和*Rheum rhaponticum* Linn.（食用大黄）。但有学者认为，由于食用大黄均为杂交种，用学名*R.X cultorum*更为恰当。

　　大黄在中国原用于中药材，中国古代医典多有著录。陶弘景（456—536）编著的《名医别录》中载有："一名黄良。生河西山谷及陇西。二月、八月采根，火干。"宋代苏颂著《本草图经》有："今蜀川、河东、陕西州郡皆有之"。李时珍《本草纲目》将大黄列入"草部"。古代诗人范成大有诗咏大黄："大芋高荷半亩阴，玉英危缀碧瑶簪。谁知一叶莲花面，中有将军剑戟心。"最后一句既是对大黄形态的描述，也暗喻大黄的药性峻猛，大黄在中药中有"将军"之称谓。

　　17世纪以前，大黄以根及根茎的形式从中国运往欧洲各地。17世纪开始，大黄的种子被带到欧洲。最初，在英国及中东地区，大黄像菠菜和甜菜叶一样，被用作绿色蔬菜。当时，人们并未认识到大黄叶因含有草酸钙和蒽苷类而可能有些毒性。18世纪，在英国及其殖民地才偶有大黄叶柄食用的报道。之后，人们开始只食用叶柄。到19世纪，大黄作为蔬菜在北美和欧洲北部也广泛食用。由于采用种子繁殖，大黄产生了约60个杂交种，以至植物学家们难以确定食用大黄的种类。

英文名：Coltsfoot

拉丁名：*Tussilago farfara* L.

别　名：冬花、钻冻、虎须、
金实草、水斗叶等

科　属：菊科款冬属

款冬（Coltsfoot）为菊科款冬属宿根草本多年生蔬菜。中国自古以花薹、叶柄作菜用和药用。花蕾未破时称"蹹薹"，作香辛料。叶柄、嫩花穗多，肉味微苦，经腌渍或烫漂去苦味后煮食。

款冬原产亚洲北部。中国、朝鲜及日本山谷间多野生。款冬的称谓早期可见于《神农本草经》。先秦古籍《尔雅》记为"颗冻"，李时珍《本草纲目》注曰："洛水至岁末凝厉，则款冬茂悦曾冰之中。则颗冻之名以此而得，后人讹为款冬，乃款冻尔。款者至也，至冬而花也。"陶弘景（456—536）《名医别录》中载："款冬花，第一出河北……次出高丽、百济"。可见当时已有不同的品种，并曾和位于朝鲜半岛上的高丽、百济进行种质交换。唐朝诗人张籍在旅行中有感于款冬盛开于早春雪地之中，写下了这样的诗句："僧房逢着款冬花，出寺行吟日已斜。十二街中春雪遍，马蹄今去入谁家。"表达了诗人对款冬的赞美。款冬经由中亚传入欧洲后，欧洲对款冬也十分重视，早期用来作为祭祀的花卉，后来用作治疗咳嗽的药物。古罗马自然学家老普林尼（Gaius Plinius Secundus，23—79）发现，可以用丝柏木炭焚烧款冬根，让久咳的病人吸入来作治疗。款冬由殖民者带入美洲后，当地印第安人也用来治疗咳嗽。这种对款冬药效的认知，和中国古代对款冬的药用理论一致，《本草备要》中载有："润肺，泻热，止嗽"。

日本栽培款冬历史悠久，日本古籍《本草和名》对款冬已有记录。目前在世界上日本栽培款冬面积最大，主要分布在北海道、本州岛、四国、九州等地。印度、伊朗、俄罗斯、美国及西欧、北非等国家和地区均有栽培。中国有些地区城郊有栽培，以陕西（关中）、四川、浙江等地所产品质较好。

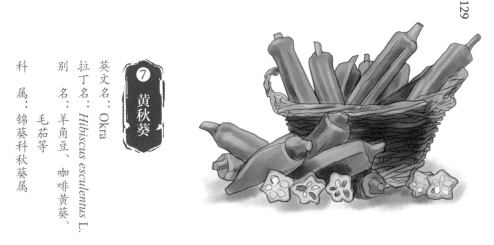

英文名：Okra

拉丁名：*Hibiscus esculentus* L.

别　名：羊角豆、咖啡黄葵、毛茄等

科　属：锦葵科秋葵属

⑦ 黄秋葵

黄秋葵（Okra）为锦葵科秋葵属中能形成嫩荚的栽培种，一年生或多年生草本，以嫩荚以及嫩叶、嫩芽和花供食。黄秋葵早期学名为"*Hibiscus esculentus* L."，经过研究人员最终确认为"*Abelmoschus esculentus* L.Moench"。

黄秋葵原产于非洲和亚洲的热带地区，是一种极受北非、中东、南亚、欧洲和北美等地区人群喜爱的蔬菜。黄秋葵的英文名为"okra"，来自非洲尼日利亚的伊博语"krụ"。黄秋葵在葡萄牙、西班牙、荷兰、法国等不同地区也被称作"kingombo"。虽然没有明确的文字记载，但普遍认为秋葵原产自埃塞俄比亚高地。早在12世纪和13世纪，埃及人和摩尔人就开始运用阿拉伯语词汇命名黄秋葵以表明其来自东方。黄秋葵从阿拉伯半岛穿过红海和巴尔干半岛，甚至向北传到撒哈拉地区。首次记载是西班牙的摩尔人在1216年到访埃及时，看到秋葵被当地人种植，其鲜嫩的豆荚用于搭配肉类。当时，在阿拉伯地区黄秋葵种植遍布地中海沿岸和东部地区。在古印度语中未找到"黄秋葵"这个词，由此证明了此种植物在古印度时代之后传入印度。黄秋葵于1658年随贩卖奴隶船只经由大西洋带入南美洲，并在巴西留有记载。1686年在古荷兰语中有了关于黄秋葵的记载。18世纪早期黄秋葵被引入北美洲，并逐渐传播。1748年美国的费城开始种植黄秋葵，1781年由托马斯·杰斐逊（Thomas Jefferson）记录，黄秋葵在弗吉尼亚得到很好的推广。1800年黄秋葵在美国已经普遍推广，并在1806年出现了最早的变种培植记载。

20世纪初叶，黄秋葵从印度引入中国上海。在引入的初期，曾和中国原有的"黄蜀葵"相混。尽管黄秋葵引入中国已有近百年的历史，但栽培仍不十分普遍。近年来，在日本、中国的台湾和香港，以及西方国家已成为热门畅销蔬菜，在非洲许多国家已成为运动员食用之首选蔬菜，更是老年人的保健食品。

英文名：Edible chrysanthemum

拉丁名：*Chrysanthemum sinense* Sab.

别　名：甘菊、臭菊等

科　属：菊科菊属

食用菊（Edible chrysanthemum）为菊科菊属中以花器供食的栽培种。菊的变种和品种很多，经人们长期观察、品尝，选定了一些适于食用的品种，统称为食用菊。菊原产于中国，已有3000多年的栽培历史，其拉丁文学名"*Chrysanthemum sinense*"意为"中国的黄花"。

菊最早的文字记载见于秦汉时期的《尔雅》，载有："鞠，治蔷"。宋代陆佃《埤雅》云："菊本作蘜，从鞠，穷也。"意为：花事此而穷尽也。汉代的《礼记·月令》有"季秋之月，鞠有黄华（花）"的记载。屈原在《离骚》中写有"朝饮木兰之堕露兮，夕餐秋菊之落英"的诗句。说明至少在战国时期我们的先民就有采食菊花的习俗了。晋代陶渊明更有"采菊东篱下，悠然见南山"的千古名句。陶弘景（456—536）《名医别录》中载有："菊有两种，一种茎紫气香而味甘，叶可作羹食者，为真菊"。表明在古时，一些菊的嫩叶也作菜蔬用。明代著名医药学家李时珍（1518—1593）编撰于1552—1578年的《本草纲目》更为明确地指出"菊"："其苗可蔬，叶可啜，花可饵，根实可药，囊之可枕，酿之可饮，自本至末，罔不有功。"

菊花火锅盛行于晚清宫廷内，清末女官德龄公主的《御香缥缈录》里记载：慈禧爱吃白菊花，菊花火锅便为慈禧所爱。火锅中的汤汁多为鱼羹汤，故又有"菊花鱼羹锅"之称。相传中国的菊花在唐代经由朝鲜传入日本，17世纪传到欧洲。日本有食用菊花的传统，日本料理中多有食用菊。在日本吃菊花很方便，超市一年四季都有食用菊，只是季节价差颇大。

英文名：Maize
拉丁名：*Zea mays* L.
别　名：苞谷、苞米、棒子、玉麦等
科　属：禾本科玉米属

⑨ 玉米

玉米（Maize）为禾本科玉米属一年生草本植物。

玉米原产于美洲，1492年哥伦布从古巴带回西班牙，其后传遍世界。玉米据说是1512年传入中国，最早对玉米记述的是嘉靖三十九年（1560）《平凉县志》里，当时叫它"番麦"。李时珍的《本草纲目》也有："玉蜀黍种出西土，种者亦罕"，说明当时种植的人很少。因为是新引进品种，所以每到一个地方推广就有一个新名字，除了"番麦"还有"玉蜀黍""苞谷""六谷""腰芦"等别称。

菜用玉米是玉米中用于蔬食用的玉米，包括嫩玉米、糯玉米、甜玉米和玉米笋。菜玉米即普通玉米幼嫩果实的籽粒，普通玉米以老熟的籽粒作粮食用，菜玉米则以其嫩籽粒作菜蔬用。清光绪三十二年（1906）出版的《燕京岁时记》有京城农历五月菜贩沿街叫卖"五月先儿"的情景。北方农历五月玉米刚刚灌浆，富裕人家买来作为尝鲜的菜蔬。因而菜玉米又有"青玉米""嫩玉米"之称。糯玉米也以幼嫩果实的籽粒供蔬食，属于糯质型玉米。由于是在中国选育出的新变种，故被誉称为"中国玉米"。其拉丁文学名的变种加词"sinensis"即有"中国"的含义。甜玉米为禾本科玉米属中的一个栽培亚种，以未熟果穗胚乳甜质籽粒供食。玉米笋是一种小型、多穗的菜用玉米，其食用部位即为成熟的整个幼嫩果穗。甜玉米和玉米笋都是中国于20世纪40年代以后从美国引入的新型蔬菜。

（十四）芽类蔬菜

我国劳动人民在长期的生产实践中，早已认识到一些植物（种子）的芽及幼嫩的器官可供食用。并将这一类食品归入芽类蔬菜，并冠以"芽""脑""梢""头""尖"等名称，以表示其品质鲜嫩、口感清脆、营养丰富等特点。这表明古人已为芽类蔬菜规定了一个大体的范畴，但一直未有一个较完整、准确的定义。吴耕民1957年出版的《中国蔬菜栽培学》对芽菜种类在黄豆芽、绿豆芽的基础上作了扩展，将芽菜定义为："使豆子、萝卜、荞麦等种子萌发伸长而作蔬菜，故名芽菜"。并指出：芽菜利用种子内所贮藏的养分，不必施用肥料，且一般不必播于土中（也有播于沙或土中者）即可进行弱光软化栽培。上述除定义了使用传统的豆类种子发芽生成芽菜外，也定义了用蔬菜种子（萝卜）和作物种子（荞麦）所生成的芽菜。

日本西垣繁一所著《软化·芽物野菜》（1982）一书中对芽菜有如下的论述："温室栽培床栽培，密播。适当的温、湿度保证发芽，生产出柔软、多汁的植物幼芽、幼叶作为商品"。这段论述将芽菜的范围扩展到植物的幼嫩器官，很类似我国对芽类蔬菜的传统称谓——"芽""脑""梢""头""尖"的概念。中国的芽菜生产技术是在日本江户时代传入日本的，但种类一直限于黄豆芽、绿豆芽、萝卜芽和荞麦芽。日本田村茂所著《野菜园芸大事典》（1977）中对芽菜的定义是："芽菜是豆类和荞麦等种子在黑暗中发芽的产物"。此定义基本类同《中国蔬菜栽培学》注释的定义。

1990年《中国农业百科全书：蔬菜卷》问世。该卷将芽菜定义为："豆类、萝卜、苜蓿等种子遮光（或不遮光）发芽培育成的幼嫩芽苗"。并将芽菜列入按农业生物学分类的15类蔬菜之中，这一定义列举了苜蓿芽等其他芽菜，丰富了芽菜的种类，但仍将芽菜的范围局限于由种子发芽而成的幼嫩芽苗，未能包括由植物营养器官生成的头、脑、尖、梢等芽菜。

1994年，中国农业科学院蔬菜花卉研究所芽类蔬菜研究课题组在前人定义的基础上，对芽菜的定义给予了适当的扩充，修定为："凡利用植物种子或其他营养贮存器官，在黑暗或光照条件下直接生长出可供食用的嫩芽、芽苗、芽球、幼梢或幼茎均可称为芽类蔬菜，简称芽苗菜或芽菜。"

依照芽菜的定义，根据芽类蔬菜产品形成所利用营养的不同来源，可将芽类蔬菜分为种芽菜和体芽菜两类。前者系指利用种子中贮藏的养分直接培育成幼嫩的芽或芽苗（多数为子叶展开或真叶"露心"），如黄豆、绿豆、赤豆、蚕豆芽，以及香椿、豌豆、萝卜、黄芥、荞麦、苜蓿芽苗等；后者多指利用二年生或多年生作物的宿根、肉质直根、根茎或枝条中累积的养分，培育成芽球、嫩芽、幼茎或幼梢。如由肉质直根在遮光条件下培育成的菊苣芽球，由根茎培育成的姜芽，由植株、枝条培育的树芽香椿、枸杞头、花椒脑等。目前，无论是种芽菜还是体芽菜，它们所包括的种类还在不断发展和扩大之中。拓展后的芽菜定义，重新界定了芽菜的范围，规范了芽菜的种类，完善了蔬菜的分类体系，对明确芽菜在蔬菜农业生物学分类中的地位，发展今后芽菜科学研究及芽菜生产具有重要意义。

民以食为天，大自然为人类提供了种种赖以生存的食物，人类对天然食物的认识过程就是人类文明发展过程的象征。中国人早在2000多年前的秦汉时期就发明了豆芽菜生产，以其特有的智慧，为饮食文化谱写了辉煌的一页，中国人能以"发芽"这一简捷的方法，将上苍赐给的天然食品转化成美味的佳肴，不可不称为奇迹。

豆芽菜伴随着古老的中华民族度过了漫长的历史进程，其自身的发展以缓慢、极其平稳的姿态存在着。改革的浪潮，为中华民族注入了新的活力，人们开始以一种新的思维、新的观念来审视我们今天的一切。人们憧憬美好的未来，但更着眼于当今的现实，并对现实生活提出更高的要求。在这种大环境下，芽菜作为一种优质高档蔬菜受到了人们的重视和青睐。芽菜的研究和生产也开始进入一个蓬勃发展的新时期。今后，在芽类蔬菜工业化生产发展过程中，预计利用现代建筑材料的轻便型、组装式、低成本、高性能芽菜专用厂房的设计和面世将进一步替代目前采用的轻工业厂房和闲置房舍。各种环境调控装置、喷淋器械、播种、切割收获机械等芽菜生产配套设施，以及物理、生物技术、产品包装等采后处理技术及其配套设施的研究和应用将取得一定的进展。与此同时，芽菜的种类将不断得到开拓，保健型芽菜、调味型芽菜的种类将有明显增多。一些具有独特性能的芽菜将向工业食品方向延伸发展。

芽类蔬菜的研究和生产，从一开始就进入了绿色食品的范畴，在众多蔬菜种类中占据了其应有的位置，随着时间的推移，将产生更深远的影响。在21世纪，人们在饮食结构上将发生重大变化，更加注重食品的自然属性、科学属性和经济属性，更加注重人和生物圈的和谐共处关系。由于芽类蔬菜的自身特点及其生产方式完全符合上述要求，因而它们将重新被人们重视并发展成餐桌上的一类重要蔬菜。

常见芽类蔬菜植物学分类表

名称	植物学分类	种子拉丁名	种子英文名
大豆芽	豆科大豆属	*Glycine max* (Linn.) Merr.	Soybean
绿豆芽	豆科豇豆属	*Vigna radiata* (Linn.) Wilczek	Mungbean
黄豆芽	豆科大豆属	*Glycine max* (Linn.) Merr.	Soybean
黑豆芽	豆科大豆属	*Glycine max* (L.) Merr.	Black soya bean
蚕豆芽	豆科野豌豆属	*Vicia faba* Linn.	Broadbean
红小豆苗	豆科豇豆属	*Vigana angularis* (Willd.) Ohwi et Ohashi	Adzuki bean
豌豆苗	豆科豇豆属	*Pisum sativum* Linn.	pea
花生芽	豆科落花生属	*Arachis* Linn.	Peanut
苜蓿芽	豆科苜蓿属	*Medicago sativa* Linn.	Alfalfa

续表

名称	植物学分类	种子拉丁名	种子英文名
小扁豆芽	豆科兵豆属	*Lens culinaris* Medic.	Lentil
萝卜芽	十字花科萝卜属	*Raphanus sativus* Linn.	Radish
菘蓝芽	十字花科菘蓝属	*Isatis indigotica* Fortune	Woad
沙芥芽	十字花科沙芥属	*Pugionium cornutum* (Linnaeus) Gaertn.	Cornuted pugionium
芥菜芽	十字花科芸薹属	*Brassica juncea* (Linnaeus) Czernajew	Mustards
芥蓝芽	十字花科芸薹属	*Brassica alboglabra* L.H.Bailey	Chinese kale
白菜芽	十字花科芸薹属	*Brassica pekinensis* (Lour.) Rupr.	Chinese cabbage
独行菜芽	十字花科独行菜属	*Lepidium apetalum* Willdenow	Common cress
种芽香椿	楝科香椿属	*Toona sinensis*(A.Juss.) Roem.	Chinese toon
向日葵芽	菊科向日葵属	*Helianthus* annus Linn.	Sunflower
荞麦芽	蓼科荞麦属	*Fagopyrum esculentum* Moench	Buck wheat
胡椒芽	胡椒科胡椒属	*Piper nigrum* Linn.	Pepper
紫苏芽	唇形科紫苏属	*Perilla frutescens* (Linn.) Britt.	Perilla
水芹芽	伞形科水芹属	*Oenanthe javanica* (Bl.) DC.	Bamboong
小麦苗	禾本科小麦属	*Triticum aestivum* Linn.	Wheat
亚麻芽	亚麻科亚麻属	*Linum usitatissimum* Linn.	Flax
蕹菜芽	旋花科番薯属	*Ipomoea aquatica* Forsskal	Water spinach
芝麻芽	胡麻科胡麻属	*Sesamum indicum* Linn.	Sesame
黄秋葵芽	锦葵科秋葵属	*Abelmoschus moschatus* L.Medic.	Okra
枸杞头	茄科枸杞属	*Lyciun chinense* Miller	Chinese wolfberry

续表

名称	植物学分类	种子拉丁名	种子英文名
花椒脑	芸香科花椒属	*Zanthoxylum bungeanum* Maxim.	Bunge pricklyash
芽球菊苣	菊科菊苣属	*Cichorium intybus* Linn.	Chicory
菊花脑	菊科菊属	*Chrysanthemum nankingense* Hand.-Mzt.	Vegetable chrysanthemum
马兰头	菊科马兰头属	*Kalimeris indica* (Linn.) Sch-Bip.	Indian kalimeria
苦苣芽	菊科苦苣属	*Sonchus oleraceus* Linn.	Common sowthistle
佛手瓜梢	葫芦科佛手瓜属	*Sechium edule* (Jacq.) Swartz	Chayote
辣椒尖	茄科辣椒属	*Capsicum annuum* Linn.	Sweet pepper
豌豆尖	豆科豌豆属	*Pisum sativum* Linn.	Pea
芦笋	百合科天门冬属	*Asparagus officinalis* Linn.	Asparagus
树芽香椿	楝科香椿属	*Toona sinensis* (A.Juss.) Roem.	Chinese toon
竹笋	禾本科中竹亚科	*Phyllostachys pubescens* Mazel.	Bamboo shoot
姜芽	姜科姜属	*Zingiber officinale* Roscoe	Ginger
草芽	香蒲科香蒲属	*Typha latifolia* L.	Common cattail
碧玉笋	百合科萱草属	*Hemerocallis fulva*	Day lily

种芽菜

中国是生产、食用芽菜最早的国家。在《神农本草经》(约成书于东汉时期)中有黄豆芽的记载,当时的黄豆芽是作为药用的。到宋代,有了用大豆生豆芽作为蔬菜食用的记载。南宋孟元老所撰《东京梦华录》中的"豆芽菜"条目,则是有关生绿豆芽的最早记载。芽菜和人们日常生活联系之广,可见于中国许多文学作品。如《红楼梦》中就有贾府的小姐用自己的私房钱请管家婆婆买豆芽菜改善伙食的生动描写。一些美食家笔下的"黄鸟钻翠林",其实就是常见于老百姓饭桌上的黄豆芽炒韭菜。中国北方居民有立春之日吃春饼的习俗,名曰"咬春",在吃春饼时,素炒绿豆芽是必不可少的佳肴。每到立春之日,市场上绿豆芽的价钱是平日数倍,老百姓乐而购之,不以为怪。

芽菜的生产及食用是中国饮食文化组成的一部分,也是对世界饮食发展的贡献。随着经济、文化的交流,芽菜由中国最早传入日本并深受日本人民喜爱。到了日本江户时期,芽菜开始作为商品生产。当时芽菜被视为奢侈品,只能为武士阶级和富商等少数人享用。直到明治中期以后,芽菜生产栽培才有了较大的发展,形成了芽菜生产产业。豆芽菜的生产技术早年由我国传入日本及新加坡、泰国等东南亚国家,此后辗转传到西欧和美洲大陆。美国在20世纪40年代开始进行豆芽生产,芽菜在一些欧美国家也深受人们喜爱,像小扁豆芽、商陆芽、苜蓿芽等,是美国人民经常食用的芽菜。美国和德国的医学和食品营养专家对豆芽菜的营养及保健价值进行了深入的研究。但是，可能由于饮食习惯等原因，西欧各国及美国等发达国家在蔬菜栽培领域，虽拥有各种先进的现代化农业技术，但在除豆芽菜以外的其他芽菜方面，只有关于苜蓿、酸模蓼、独行菜、黑芥和某些香料作物的芽菜及其营养研究的零星报道。

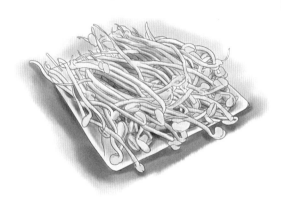

　　大豆为豆科大豆属中的栽培种，是种皮为黄色、黑色和青（绿）色三种大豆的统称。大豆原产中国，古时称为"菽"，《诗经》等古籍多有著录。大豆种子在无光和适当湿度条件下培育的芽菜，称为"大豆芽"。不同颜色种皮的大豆培育出的芽菜分别称为黄豆芽、黑豆芽和青豆芽。

　　中国利用大豆芽苗的历史可追溯到先秦时期，约有2000多年的历史，创造发明者已不可考。《神农本草经》中作为中品收载，称之为"大豆黄卷"，有以下记载："造黄卷法，壬癸日以井华水浸黑大豆，候芽长五寸，干之即为黄卷。用时熬过，服食所需也"。"大豆作黄卷，比之区萌而达蘖者，长十数倍矣"此条文献表明最早的豆芽是以黑大豆作为原料，早期食用"短芽"，即胚根刚一露白就可食用，其后才食用"长芽"，即下胚轴的伸长。北宋苏颂的《本草图经》上说："菉豆为食中美物，生白芽，为蔬中佳品。"南宋后期林洪也曾在《山家清供》一书中详细介绍了生豆芽菜的方法。如"温陵人前中元数日，以水浸黑豆，曝之，及芽，以糠皮置盆内，铺沙植豆，用板压，及长则覆以桶，晓则晒之，欲其齐而不为风日侵也。中元则陈于祖宗之前，越三日出之，洗焯渍以油、盐、苦酒、香料，可为茹，卷以麻饼尤佳。色浅黄，名'鹅黄豆生'"。这里不仅明确记载了豆芽菜的制作方法和食用方法，而且"卷以麻饼"正是北京薄饼卷豆芽这一吃法的鼻祖。同样的文字亦见于《双槐岁抄》。现食用黑豆芽以食用"长芽"为多，称为"黑豆苗"。

　　从文献可知，黄豆芽和青豆芽的出现应晚于黑豆芽。黄豆芽是用种皮为黄色的大豆萌发而成。其出现应不晚于明代。明代陈嶷曾有过赞美黄豆芽的诗句："有彼物兮，冰肌玉质，子不入污泥，根不资于扶植。"黄豆萌动后，胚根先露出，此时食用曰"黄豆嘴儿"。待下胚轴伸长时，则是"长芽"——黄豆芽了。青豆芽多食"短芽"，北京人称之为"青豆嘴儿"，是吃"炸酱面"不可缺的菜码。

　　一般认为绿豆的起源中心或最主要的多样性中心是在东南亚。一些中外学者认为绿豆起源于中国。中国学者曾在云南、广西等地发现野生绿豆。中国绿豆品种资源遍布全国各地，数量多，类型丰富，并有2000多年悠久的栽培历史。

　　绿豆芽为绿豆种子在无光和适当湿度条件下培育的芽菜，食用的部分是下胚轴和子叶。绿豆芽的食用始于宋代，南宋孟元老所撰《东京梦华录》（1127）中的"豆芽菜"条目："又以菉豆[1]、小豆、小麦，于瓷器内，以水浸之，生芽数寸，以红篮彩缕束之，谓之'种生'"，是生绿豆芽的较早记载。南宋《岁时广记》有"京师每前七夕十日，以水渍绿豆或豌豆，日一二回易水。芽渐长至五六寸许，其苗能自立，则置小盆中。至乞巧，可长尺许，谓之'生花盆儿'"的记载。南宋诗人方岳还写有一首名为《豆苗》的诗："山房扫地布豆粒，不烦勤荷烟中锄。手份瀑泉洒作雨，覆以老瓦如穹庐。"对发豆芽的过程记述得详细具体。明代王象晋（1561—1653）在《群芳谱》中详细介绍了生绿豆芽的方法："先取湿沙纳瓷器中，以绿豆匀撒其上……勿令见风，日一次掬水洒透。俟其苗长可尺许摘取，蟹眼汤焯过，以料菹供之。赤豆亦可种，然不如绿豆之佳。"至明清之际，绿豆芽之类已入食籍。阮葵生（1727—1789）编著的《茶余客话》称，绿豆芽被作为太庙荐新之品。据《清史稿·礼志四》的记载，清廷十二月的荐新品物有蓼芽、绿豆芽、兔等。

　　18世纪华人将豆芽带入欧美，到20世纪后期被国际现代营养学界所重视，在西方曾掀起"豆芽热"，将之列为"健康食物"，对其营养保健之功的认识正在深化中。

1　菉豆：即绿豆，古时绿豆也称为"菉"。——编者注

3 豌豆苗

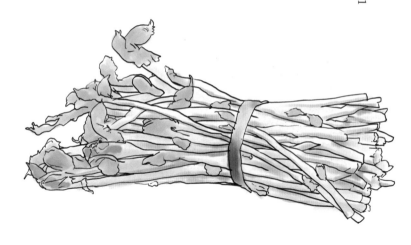

豌豆为豆科豌豆属一年生或两年生草本攀援植物，其植株的鲜嫩尖梢或用豌豆的种子生成的芽苗称为豌豆苗（豌豆尖）。

中国人食豌豆苗的历史可以追溯到魏晋时期，北魏贾思勰的《齐民要术》里已经透露了用豌豆苗来做菜的消息："并州豌豆，度井陉以东，山东谷子，入壶关、上党，苗而无实。皆余目所亲见，非信传疑：盖土地之异者也。"由此推论：苗而无实栽之，应是食其苗。食用豌豆苗的早期直接记载可见南宋末年由陈元靓编撰的《岁时广记》，该书是人们研究岁时节日民俗的一本重要资料汇编。《岁时广记》中称："京师每前七夕十日，以水渍绿豆或豌豆，日一二回易水，芽渐长至五六寸许，其苗能自立，则置小盆中，至乞巧，可长尺许，谓之'生花盆儿'，亦可以为菹。"明代高濂的养生专书《遵生八笺》中有"寒豆芽"的制作方法和做菜用的记述（寒豆即豌豆）。清道光二十八年（1848）《植物名实图考》载有："豌豆苗，作蔬极美，蜀中谓之豌豆颠颠"。"豌豆颠颠"即成都人喜食的"豌豆尖"。近代人徐珂所编的笔记集《清稗类钞》记："豌豆苗，在他处为蔬中常品，闽中则视作稀有之物。每于筵宴，见有清鸡汤中浮绿叶数茎长六七寸者，即是。惟购时以两计，每两三十余钱。"在诸种豆芽中，豌豆苗相比更为鲜美。20世纪50年代初，周恩来总理宴请民主人士的菜谱中，就有"豌豆苗炒冬笋"。其中的"豌豆苗"实为"豌豆尖"。

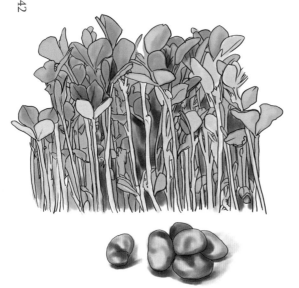

④ 蚕豆芽

蚕豆为豆科豌豆属结荚果的栽培种，一年生或二年生草本植物，别名胡豆、罗汉豆，佛豆。蚕豆芽为蚕豆在无光和适当湿度条件下培育的芽菜，蚕豆芽（苗）有两种，一种是短芽，食用的部分是胚根和子叶；一种是蚕豆苗，食用的部分是幼嫩的芽苗。

蚕豆最早的明确记载是北宋的《益部方物略记》和《本草图经》，前者称其为"佛豆"《王祯农书》更把蚕豆和豌豆混为一谈，可见蚕豆在宋元时种植得还不太普遍。明朝时，蚕豆种植逐渐增多。由朱橚撰写，约成书于永乐间的《救荒本草》（1403—1406）载："蚕豆今处处有之"。明代王象晋纂辑的《群芳谱》（1621）载有："今南北皆有，蜀中尤多。八月下种，冬生嫩苗可茹。茎方而肥，中空。结荚连缀，蜀人收其子备荒"。在明代，蚕豆是以籽粒作粮食用，幼嫩芽苗也可食，但多用于荒年而食。清乾隆二十五年（1760）张宗法编著的《三农纪》有："蚕豆可煮食、炒食"。清代《多稼集》载江浙一带因"蚕豆得春花之最早，立夏荐新"，是"七热之一"而"人喜嗜之"，故普遍种植。

由上述史料推断，蚕豆芽的普遍食用应晚于明，始于清朝中期。据20世纪50年代老人回忆，旧时北京胡同中常有卖五香面胡豆的。小贩将蚕豆发短芽，加五香调料煮熟叫卖。蚕豆的幼嫩芽苗，川菜多用之，采集蚕豆植株梢头嫩尖清炒或做汤。现蚕豆芽已采用无土、纸床、立体栽培。南北方多有生产。

萝卜芽

　　萝卜为十字花科萝卜属能形成肥大肉质根的两年生草本植物。萝卜芽是利用萝卜种子内积累贮藏的营养培育而成的萝卜幼苗，又称"娃娃萝卜菜""贝壳芽菜"等，属于子叶出土型种芽菜。

　　萝卜原产中国，古称"莱菔"，自古盛行栽培，在公元前400年的《尔雅》一书即已有记载。李时珍《本草纲目》"莱菔"条目记有："圃人种莱菔，六月下种，秋采苗，冬掘根"。由此可见，明朝时人们已经食用萝卜的幼苗，即萝卜的地上嫩叶。有关食用萝卜芽的起始年代，未见有相关文献记载。中国湖南历来种植萝卜芽，将种子撒播后，一次盖土约10厘米厚，子叶钻出土皮后即可连根收获，称之为"娃娃萝卜菜"。

　　日本喜食萝卜芽，是吃生鱼片时必备的调味食品。日本在1970年后开始进行萝卜芽商品化生产的研究，20世纪80年代已利用现代无土栽培技术，在先进的塑料温室等园艺设施中进行萝卜芽的大规模商业化生产。日本蔬菜育种专家已选育出优质、丰产、速生、具有微辛或辛辣味，以及红、绿不同颜色的萝卜芽生产专用品种，如"贝割大根（スプラウト）"。

　　中国在20世纪90年代，由中国农业科学院蔬菜花卉研究所开始萝卜芽的商品化生产研究，其后推出了无土、纸床、立体栽培生产技术。

体芽菜

芽类蔬菜所食用的部分，即植物发芽后形成的幼嫩部分。在植物学上将"发芽"定义为"胚根伸出种皮形成种子根或营养器官的生殖芽开始生长的现象"。这一定义包括两部分内容，即真种子经吸水膨胀后，一般胚根先生长，然后胚芽生长，最后形成具有根、茎、叶的幼小植物。我们将由种子发芽后形成的芽菜称为种芽菜；第二部分为广义的种子，即植物学上的营养器官生殖芽，利用营养体贮存的养料，萌发生长，即体芽菜。体芽菜的范围就是由这些器官上的生殖芽长成的幼嫩植物体，它们一般来自根、茎及其变态器官。

芽菜在我国有着悠久的栽培和食用历史，传统的芽菜主要指绿豆芽、黄豆芽和蚕豆芽等豆芽菜。吴耕民于1957年出版的《中国蔬菜栽培学》对芽菜种类作了扩展，将芽菜定义为"使豆子、萝卜、荞麦等种子萌发伸长而作蔬菜，故名芽菜"。1977年日本出版的《野菜园艺大事典》（田村茂）对芽菜的定义是"芽菜是豆类和荞麦等种子在黑暗中发芽的产物"。1990年《中国农业百科全书：蔬菜卷》问世，该卷将芽菜定义为："豆类、萝卜、苜蓿等种子遮光（或不遮光）发芽培育成的幼嫩芽苗"。并将芽菜列为按农业生物学分类的15类蔬菜之一，定义为"芽类蔬菜"。上述的定义丰富了芽菜的种类，但均将芽菜的范围局限于种子发芽而成的幼嫩芽苗，未能包括由植物营养器官生成的可作为蔬菜食用的芽，即体芽这一重要组成部分。

体芽菜在民间历史悠久，食用广泛。《中国农业百科全书：蔬菜卷》（1990）在开篇序言中就明确指出："蔬菜是可供佐餐的草本植物的总称……"，《说文解字》中就将"菜"字释为"草之可食者"。然而蔬菜中有少数木本植物的嫩芽，可作为蔬菜食用。我国劳动人民在长期的生产实践中，将一些可食用的植物嫩芽及幼嫩器官冠以"芽""脑""梢""尖""头"等名称，以表达其幼小、鲜嫩、清洁、富有营养等特点。上述论述中明确指出了体芽菜的存在和该类蔬菜的大体界定范围，只是在分类上没有提出"体芽菜"这一定义，并给予一个适当的分类地位。

香椿在我国已有2500多年的栽培历史。香椿芽即香椿树的嫩芽，是人们熟悉的体芽菜。民间有"杜鹃啼血椿芽红"的诗句，表明采摘椿芽的最佳时间是每年清明节前后。我国人民食用竹笋，已有3000年的历史。《诗经》上有："其簌惟何，惟笋及蒲"的记载。笋也是体芽菜。我们日常食用的笋就是嫩肥短粗的鞭芽。北宋诗人欧阳修有"残血压枝犹有桔，冻雷惊笋欲抽芽"的名句。花椒树的枝条在春天绽出的嫩芽叶，也是人们喜食的体芽菜。贾思勰在《齐民要术》第三十四《种椒》中有"其芽叶及青摘去，可以为菹。"北京时令菜"椒蕊黄鱼"中的"椒蕊"就是春天采下来的花椒芽。人们食用的姜芽是从种姜上的芽萌动至第一片姜叶展开时采摘下来的，也是一种体芽菜。武汉的"姜芽子鸡"、上海的"姜芽干丝"均是地方名菜。诗人苏轼有："先社姜芽肥胜肉"的诗句，足见人们对姜芽的喜爱。《红楼梦》第六十一回中有"油盐炒枸杞芽"的描写。《金瓶梅》第四十五回有"黄芽菜馄饨汤"的吃法。其他像柳芽、槐芽的各种吃法，在民间更是名目繁多。茶叶是中国传统的饮料，细考茶叶，也是体芽。名茶多是由嫩芽及嫩芽下第一片、第二片嫩叶制成，杭州名菜"龙井虾仁"就是由梅坞龙井与鲜活河虾做成。由此可知茶叶嫩芽也可入菜。

体芽菜种类繁多，其中一些是我国传统的蔬菜，有的是近年来由国外引进的品种，还有一些是针对人们对新颖、多样、优质蔬菜的需要而开发出的新种类。这些体芽菜过去有的不见经传，有的被笼统地列入"其他"类。随着蔬菜科研及生产的发展，体芽菜应自成一家，并应有自身的定义。根据体芽菜的形成及自身的特点，将体芽菜定义为："利用植物营养贮藏器官，在见光或不见光的条件下，直接生长出可供食用的嫩芽、芽苗、芽球、幼茎、嫩梢，均可成为体芽菜。"这一定义概括了体芽菜的全部种类，扩大了芽类蔬菜的范围，并和种芽菜一起，使芽类蔬菜自成体系，为芽类蔬菜的研究开启了新的思路。

各种体芽菜在植物学分类上属于不同的科，其相互间的亲缘关系也较远，各具不同的生物学特性，但按体芽产生的器官，可作如下分类：

1．木本植物的茎和枝条

茎是植物地上部分的骨干，其上着生叶、花和果实，着生叶的位置称为节，在茎的顶端和节上叶腋处都生有芽。生长在茎或顶端的称为顶芽，生长在叶腋处的称为侧芽。茎是植物体内物质输送的主要通道，也具有贮藏营养物质的功能。人们利用某些木本植物的茎、枝条容易产生不定根和靠自身贮藏的营养物质在一定的温度、湿度条件下可萌发体芽的特征，进行体芽菜的生产，如树芽香椿、花椒树芽、柳芽、刺嫩芽、刺五加芽等。

2．肉质直根

肉质直根是一种变态根，由直根膨大形成肉质变态器官，以适应贮藏大量的营养物质。不同种类的肉质直根在形态和功能上都很相似，但内部功能不同，可分为萝卜类型、胡萝卜类型和甜菜类型。在体芽菜的生产中多利用肉质根进行囤植栽培，食用其生长出的嫩芽、芽球。如芽球菊苣就是属于胡萝卜类型的肉质直根，供食用；又如传统的黄芽菜，即是用白菜的肉质根在不见光的条件下，经囤植长出的芽球。

3．根状茎（根茎）

许多植物具有根状茎。根状茎蔓生于土壤中，具有明显的节和节间。叶腋处有腋芽，腋芽可发育成地上部茎叶；根状茎顶端有顶芽，可进行顶端生长，根状茎贮藏有丰富的营养物质，繁殖能力很强。

竹的地下茎俗称竹鞭，竹鞭上有节，节上长侧芽并生出鞭根。发育良好的侧芽一部分发展成笋，另一部分抽出新鞭，我们日常食用的竹笋就是嫩肥短粗的鞭芽。石刁柏的不定根由根状茎节上发生，形成肉质根。根状茎节上有鳞片包裹，并生有鳞芽，鳞芽萌发出土形成地上部茎叶。我们日常食用的石刁柏即是根状茎上鳞芽萌发形成的幼茎。姜的根状茎肥硕短粗且为肉质，是茎基部膨大形成的地下肉质根茎。姜母一般具有7~10节，节间短而密，姜母两侧的腋芽可萌发出2~4个芽。日常食用的姜芽是姜母在一定温度、湿度条件下萌发出的幼芽。

4．植物的幼梢、嫩尖

用种子繁殖的植物，当其度过幼苗期可以进行光合作用，进入异养时期的植株时，整个植株的绝大部分由于纤维增多而不能食用。但植株生长点以下一小部分仍比较鲜嫩，这一部分包括：顶芽、未完全展开的幼叶、未老化的嫩叶及幼嫩的茎。

作为植株幼梢，嫩尖食用的体芽菜有：豌豆尖、辣椒尖、佛手瓜梢、南瓜尖、白薯秧梢、落葵梢、藤三七梢、枸杞头、草头（金菜花）等。

5．宿根萌发出的嫩芽

宿根是一些二年生或多年生草本植物的营养贮藏根。宿根植物在进入寒冬季节，地上部茎叶枯萎后，其根可在地上安全越冬，到第二年春天，利用宿根贮藏的营养长出嫩芽。一些早春采摘的野菜，如马兰头、菊花脑、土人参、萎蒿薹等都是由宿根萌发出的幼嫩芽苗供食。这一类植物在体芽菜生产中，多采用在入冬前挖出老根，栽种在日光温室中，见光或不见光进行冬季生产。

科 属：楝科香椿属植物

别 名：香椿树、红椿、椿花、椿甜树等

拉丁名：*Toona sinensis* (A. Juss.) Roem.

英文名：Chinese toon

香椿（Chinese toon）为楝科香椿属中以嫩芽、嫩叶供食的栽培种，多年生落叶乔木。学名杶、櫄。香椿原产中国。也有学者认为香椿起源于印度东北部、缅甸及其邻近地区。关于香椿起源和演化问题有待深入研究。香椿在我国分布广泛，北至辽宁，南到海南，西至甘肃，西南至川黔，东到台湾的辽阔地域，都有香椿的踪迹。从气候学看，香椿的自然分布区跨越了我国从南温带至南亚温带和北热带地区，大体在北纬22度～42度，东经100度～125度。香椿的中心乡土区域在黄河与长江流域地区之间，其中以山东、河南、安徽、河北等省为主产区。现陕西秦岭、甘肃小陇山和康南、河南栾川和西峡仍有天然分布。

中国栽培和食用香椿芽的历史悠久，《庄子·逍遥游》有："上古有大椿者，以八千岁为春，八千岁为秋"的记载。《尚书·禹贡》记有"杶"。《山海经·中山经》载有："成侯之山，其上多櫄木"。唐高宗显庆四年（659）由唐代李绩、苏敬等集体编撰的《新修本草》记为"椿"，东晋有吴人用椿芽点茶的记载。贾思勰在《齐民要术》中介绍了香椿的栽培方法，但仅作为木材使用。宋代苏颂编著的《本草图经》（1061）载有："椿木实而叶香可啖"。明清以后，香椿已普遍食用，李时珍（1518—1593）著《本草纲目》记载："嫩叶香甘可茹"。明代王象晋（1561—1653）编撰的《群芳谱》也明确记载："叶自发芽及嫩时，皆香甘，生熟盐腌皆可茹，世皆尚之。"清代顾仲《养小录》介绍了香椿的吃法："香椿细切，烈日晒干，磨粉。煎腐中入一撮，不见椿而香。"此外，安徽省太和县著名的"五香椿芽"，素来享有盛名。

英文名：Bamboo shoot

拉丁名：*Bambuseae species*

别　名：竹芽、春笋、冬笋、生笋等

科　属：禾本科竹亚科

❷ 竹笋

　　竹笋（Bamboo shoot）为禾本科竹亚科以肥嫩的幼芽和地下嫩茎供食的体芽菜。中国是竹的原产地之一，种类极其丰富，约有30属300余种。各种竹都可萌生竹笋，约有6属21个种的种群能形成食用笋。作为蔬菜食用的竹笋，须组织柔嫩、无苦味或其他恶味，或虽稍带苦、涩味，经加工除去后，仍具有美好滋味。作为人工栽培的笋用竹种，还必须具有产量高等性状。

　　中国人食用竹笋的历史很久，先秦文献中已有关于食用竹笋的记载，如《周礼·天官·醢人》就记载"箈菹雁醢""笋菹鱼醢"，箈、笋都是竹笋，可见远在两三千年前，竹笋已成为席上珍馐。西周初年至春秋时期（公元前11世纪—公元前477年）黄河中下游地区诗歌总集《诗经》中已有记载，《大雅·荡之什·韩奕》篇有："其蔌维何？维笋及蒲。"宋代释赞宁（919—1001）《笋谱》记录的竹笋品种名称已有90余个，但一般食用的只有淡笋、甘笋、毛笋、冬笋及鞭笋等几种。《笋谱》还记载了竹笋的采收、食用、收藏及腌制、作脯等方面的技术，反映了当时人们对竹笋的利用已相当普遍。成书于元皇庆二年（1313）的《王祯农书》中对种竹和笋作了详细的介绍，并给予笋很高的评价："笋味甘美，食品之中，最为珍贵。"古代"笋"记为"筍"，南宋陆佃在《埤雅》中说："筍字从'竹'从'旬'，旬内为笋，旬外为竹"。现采用"竹笋"为正式名称。

③ 枸杞

英文名：Matrimony vine

拉丁名：*Lycium chinense* Miller

别　名：苟起子、枸杞红实、甜菜子、枸蹄子、枸杞果、地骨子、红耳坠、血枸子、枸地芽子、枸杞豆、津枸杞等

科　属：茄科枸杞属

枸杞（Matrimony vine）为茄科枸杞属中多年生灌木或作一年生绿叶蔬菜栽培。枸杞有宁夏枸杞和枸杞两个栽培种。宁夏枸杞（*L. barbarum* L.）主要采收果实和根皮药用。枸杞（*Lycium* Chinese Miller.），别名枸杞菜、枸杞头等，主要采收嫩茎叶菜用。

枸杞原产中国，分布于温带和亚热带的东南亚、朝鲜、日本及欧洲的一些国家。枸杞在中国古代简称"杞"，是古代一种重要的野菜。诗经《小雅·杕杜》篇有"陟彼北山，言采其杞"之句。晋代郭璞与北宋刑昺《尔雅注疏》云："春生作羹茹微苦，其茎似莓子"。唐代陆龟蒙写过《杞菊赋》，宋代苏轼也写过《后杞菊赋》："吾方以杞为粮，以菊为糗。春食苗，夏食叶……"。但在唐代之前，枸杞多作野生采集。直到唐代韩鄂《四时纂要》（成书约在9世纪末至10世纪初）才简单记载了枸杞的栽培方法："做畦种，十月收枸杞子"。显然当时是作为药用的。宋代吴怿《种艺必用》记述了枝条扦插的栽培方法，在此基础上，枸杞种植已较为普遍。宋代苏颂《本草图经》（1061）有："……今处处有之。春生苗，叶如石榴而软薄堪食，俗呼为甜菜"。元代的《务本新书》则明确指出枸杞可作菜食。明代李时珍《本草纲目》中也有："待苗生，剪为蔬食，甚佳"。《红楼梦》六十一回里有"枸杞芽儿"的描述："……连前儿三姑娘和宝姑娘偶然商议了要吃个油盐炒枸杞芽儿来，现打发个姐儿拿着五百钱来给我，我倒笑起来了……"，可见在清代，枸杞已有市售。

英文名：Asparagus

拉丁名：*Asparagus officinalis* L.

别　名：青笋、龙须菜等

科　属：百合科天门冬属

❹ 芦笋

芦笋（Asparagus）为百合科天门冬属中能形成嫩茎的多年生宿根草本植物，以其嫩茎供食，可鲜食，也可制罐头。芦笋原产地中海东岸及小亚细亚地区，至今欧洲、亚洲大陆及北非草原和河谷地带仍有野生种。早在公元前234—公元前149年古罗马文献中有记载，考古学家也发现了古埃及人种植芦笋的证据，人工栽培已有2000年以上的栽培历史。中世纪时，芦笋在欧洲不再受到重视，直到18世纪法国路易十四皇帝大力推广，芦笋在欧洲又有了较大面积的种植。此后，芦笋的品种得到改良，逐渐发展成粗壮、柔软的不同品种。这时，与细长、纤维状的野生芦笋相比，已明显不同。17世纪芦笋传入美洲，18世纪传入日本。

芦笋在20世纪初传入中国。清末在北京建立了农事试验场，宣统二年（1910）清朝驻外使节吴宗濂由意大利引进芦笋，交由农事试验场试种。当时称为"阿斯卑尔时"，是英文"Asparagus"的音译。我国台湾芦笋栽培始于1935年，由前台北农事试验场引进*Palmctto*品种试种，开始有少量栽培。1955年，台北农事试验场引进"华盛顿""加州大学309"和"加州大学711"三个品种，进行试验栽培。1963年，开始大量栽培。并以芦笋罐头大量出口欧洲。

芦笋具有药用的价值，早在18世纪，瑞典植物学家卡尔·冯·林奈就对芦笋的药用功能给予了肯定，在其制定的芦笋拉丁文学名*Asparagus officinalis* L.中，其种加词"officinalis"即有"药用"的含义。世界上大部分芦笋产于美国，其次是欧洲、墨西哥和中国的台湾。

152

英文名：Chicory

拉丁名：*Cichorium intybus* L. var. *foliosum* Hegi

别　名：水贡、吉康菜、比利时菊苣、法国菊苣等

科　属：菊科菊苣属

　　芽球菊苣（Chicory）为菊科菊苣属多年生草本芽类蔬菜。菊苣起源于地中海。人们对很多事物的发现，最初是从观赏开始的，菊苣也不例外。那时，在地中海辽阔的海岸线上，一种美丽的蓝色花朵开得绚烂多姿，繁衍不息。人们因其美丽吸引，忍不住摘上一把插到自家花瓶，或连根拔起种到自家院里，很快古希腊和古罗马时代的人们发现它的叶和根是可以吃的。

　　古罗马自然学家老普林尼（Gaius Plinius Secundus）曾描述过菊苣有治病的能力和作为食物的价值。之后，又有人发现，菊苣的根烘焙制成粉后可与咖啡合用。这在当时实属创举，在昂贵的咖啡豆和野草样蔓延的菊苣之间，商人很快就做出了选择，咖啡也因价格的降低更加普及化。法国人把这种菊苣与咖啡拌在一起的方法带到了法属路易斯安那，由此这种混合咖啡成为法国后裔的传统饮食，菊苣的产量开始飙升。现在世界各地都有这种咖啡混合品出售，在南美尤其受欢迎，倒不是因为价格亲民，而是人们似乎更习惯掺和了菊苣粉的咖啡味道。据记载，德国种植菊苣的年代是1616年，以后欧洲的其他国家也陆续开始种植菊苣。而首批来到美国的移民，也把菊苣带到美洲。

最早，人们只是食用菊苣的嫩叶，并把这种食叶的菊苣称为绿叶菊苣。后来，育种专家培育出一种能在黑暗中生成芽球的菊苣，这种菊苣人们习惯称为芽球菊苣。芽球菊苣球叶叠抱，头部鹅黄色，下部奶白色。直径约5厘米，长度10~12厘米。这种新颖的蔬菜在市场上一经出现，立刻得到消费者的青睐，一下走俏市场，成为市场的宠儿。如果你漫步在欧洲国家的蔬菜市场，随时可以见到一箱箱码放整齐的芽球菊苣，欧洲人称这种新颖蔬菜为"Chicory"。

中国历史上没有食用菊苣的习惯，也没有芽球菊苣产品的生产。20世纪后期，随着不少西洋蔬菜的引进，芽球菊苣以"新特蔬菜"的身份来到中国。中国农业科学院蔬菜花卉研究所为了使这一尊贵"客人"在中国安家落户，前后用了近十年的时间进行品种选育、田间栽培及软化囤栽实验。在试验成功的基础上，和中种集团联合开发芽球菊苣生产。自2002年起，芽球菊苣已在北京、沈阳、深圳、香港等地批量上市，其被更多的人了解和喜爱，从高档饭店走向百姓餐桌的日子将不会太远了。

四、蔬菜正名与别名

　　中国地域广大，人口众多，同一种蔬菜在不同的生产区域有不同的名称。如番茄，称呼有西红柿、洋柿子、番柿、柿子、火柿子等。又如菜豆，称呼有四季豆、芸豆、玉豆、豆角、芸扁豆、京豆、敏豆等。如此繁多的名称，造成了科研、生产、商品流通等诸多不便。为解决这一问题，对蔬菜名称采用了统一正名和保留别名的办法。

　　统一正名的原则以通用最广、采用最多的名称为准。如番茄原产于南美洲安第斯山脉地区，最早当地人称为"狼桃"。传入欧洲后称为"Love apple"，中文译为"爱的苹果"，也可意译为"爱情苹果""爱情果"。17世纪初叶传入中国，王象晋所著《群芳谱》中出现了更加细致的阐述："番柿，一名六月柿，茎如蒿，高四五尺，叶似艾，花似榴，一枝结五实或三四实，一树二三十实……来自西番，故名。""番茄"一称见于清光绪三十四年（1908）农事试验场向慈禧和光绪皇帝上报的奏折中，文中提及由俄罗斯引进番茄种子。这一称谓是以其浆果果实形似"茄子"而得名。由于这是近代中国从官方渠道引入种子记录的命名，多为后人文字记载所用，便成为广泛通用的名称。2009年制定的《蔬菜名称及计算机编码》（NY/T 1741—2009）中将"番茄"定为该种蔬菜的正名。对不同历史时期、不同生产及消费区域形成的"番柿""洋柿子""六月柿""草柿""火柿""西红柿"等列为别名。本书中提及的14大类蔬菜标准名称和别名整理如下。

蔬菜标准名称与别名对照表

序号	中文名称	别名
一	根茎类蔬菜	
1	萝卜	莱菔、芦菔、葵、地苏
2	胡萝卜	红萝卜、黄萝卜、番萝卜、丁香萝卜、赤珊瑚、黄根、甘笋
3	芜菁	蔓菁、圆根、盘菜、九英菘、诸葛菜、大头菜、圆菜头、恰玛古
4	牛蒡	大力子、蝙蝠刺、东洋萝卜、恶实、牛蒡子
5	根甜菜	红菜头、紫菜头、火焰菜
二	白菜类蔬菜	
1	大白菜	黄芽菜、结球白菜、卷心白菜、菘菜、白菜
2	小白菜	青菜、油菜、普通白菜
3	乌塌菜	黑菜、塌棵菜、太古菜、瓢儿菜、乌金白、塌菜、塌地松、黑桃乌
4	菜薹	菜心、薹心菜、绿菜薹、大股子
三	甘蓝类蔬菜	
1	结球甘蓝	洋白菜、包菜、圆白菜、卷心菜、椰菜、包心菜、茴子白、莲花菜、高丽菜
2	菜花	花菜、椰菜花、开花菜、花椰菜
3	西蓝花	青花菜、绿菜花、意大利芥蓝、木立花椰菜、西兰花、嫩茎花椰菜、罗马花椰菜
4	芥蓝	白花芥蓝、白花甘蓝、白花芥兰、芥兰
5	抱子甘蓝	芽甘蓝、子持甘蓝、小圆白菜、小卷心菜、芽卷心菜
6	羽衣甘蓝	绿叶甘蓝、叶牡丹、花苞菜、牡丹菜
四	芥菜类蔬菜	
1	根用芥菜	大头菜、疙瘩菜、大头芥、芥菜疙瘩

续表

序号	中文名称	别名
2	叶用芥菜	青菜、腊菜、春菜、雪里蕻、夏菜、冬菜、春不老
3	茎用芥菜	青菜头、菜头、包包菜、羊角菜、菱角菜、棒棒菜、榨菜、芥菜头
五	茄果类蔬菜	
1	番茄	西红柿、洋柿子、番柿、柿子、火柿子、小番茄、狼茄、番柿
2	辣椒	番椒、海椒、秦椒、辣茄、辣子、牛角椒、长辣椒、菜椒、灯笼椒
3	茄子	伽子、落苏、酪酥、昆仑瓜、小菰、紫膨亨、矮瓜、白茄、吊菜子、紫茄
4	香瓜茄	南美香瓜梨、人参果、香艳茄、长寿果、凤果、艳果
5	酸浆	红姑娘、灯笼草、洛神珠、洋姑娘、酸浆番茄、酸泡、戈力、灯笼果、泡泡草、鬼灯
六	豆类蔬菜	
1	菜豆	四季豆、芸豆、玉豆、豆角、芸扁豆、京豆、敏豆
2	豇豆	豆角、长豆角、带豆、筷豆、长荚豇豆、裙带豆
3	扁豆	峨眉豆、眉豆、沿篱豆、鹊儿豆、龙爪豆
4	蚕豆	胡豆、罗汉豆、佛豆、寒豆、兰花豆、南豆、坚豆
5	豌豆	回回豆、荷兰豆、麦豆、青斑豆、麻豆、青小豆、寒豆、青豆、麦豌豆、豆
6	四棱豆	翼豆、四稜豆、杨桃豆、四角豆、热带大豆、翅豆、皇帝豆
7	菜用大豆	毛豆、枝豆、菽（古称）
七	瓜类蔬菜	
1	黄瓜	胡瓜、王瓜、青瓜、刺瓜、吊瓜
2	西瓜	水瓜、寒瓜、夏瓜、青门绿玉房
3	冬瓜	枕瓜、水芝、蔬蓏、东瓜、白瓜、瓟子瓜

续表

序号	中文名称	别名
4	西葫芦	美洲南瓜、角瓜、西洋南瓜、白瓜、荨瓜、菜瓜
5	丝瓜	水瓜、蛮瓜、布瓜、胜瓜、菜瓜
6	苦瓜	凉瓜、锦荔枝、癞葡萄、癞瓜
7	瓠瓜	扁蒲、蒲瓜、葫芦、夜开花、瓠、小葫芦、大葫芦
8	佛手瓜	瓦瓜、拳头瓜、万年瓜、隼人瓜、洋丝瓜、合掌瓜、菜肴梨、丰收瓜、洋瓜、棒瓜
八	葱蒜类蔬菜	
1	韭	韭菜、草钟乳、起阳草、懒人草、扁菜、壮阳草、长生韭、懒人菜
2	大葱	水葱、青葱、木葱、汉葱、事菜
3	洋葱	葱头、圆葱、洋葱头、玉葱、球葱
4	大蒜	蒜、胡蒜、蒜子、蒜头、独蒜
5	香葱	四季葱、细葱、冻葱、冬葱、绵葱
九	绿叶类蔬菜	
1	菠菜	菠薐、波斯草、赤根草、角菜、波斯菜、红根菜、飞龙菜、菠棱、鹦鹉菜
2	芹菜	芹、旱芹、药芹、野圆荽、塘蒿、苦堇、胡芹
3	莴苣	莴苣笋、青笋、莴菜、千金菜、莴笋、石苣、笋菜
4	蕹菜	竹叶菜、空心菜、藤菜、藤藤菜、通菜、通菜蓊、蓊菜、瓮菜
5	茴香	土茴香、洋茴香、小茴香、怀香、西小茴
6	球茎茴香	结球茴香、意大利茴香、甜茴香、佛罗伦萨茴香
7	苋菜	苋、米苋、雁来红、老来少、三色苋
8	芫荽	香菜、胡荽、香荽
9	叶甜菜	叶菾菜、君莲菜、厚皮菜、牛皮菜、火焰菜

续表

序号	中文名称	别名
10	茼蒿	蒿子秆、蓬蒿、春菊
11	荠菜	护生草、地米菜、菱角菜
12	冬寒菜	冬葵、葵菜、滑肠菜、葵、滑菜、冬苋菜、露葵
13	番杏	新西兰菠菜、洋菠菜、夏菠菜、毛菠菜、法国菠菜
14	苜蓿	金花菜
15	紫背天葵	血皮菜、观音苋、红凤菜、三七草、红翡菜、红背菜、水前寺菜
16	紫苏	荏、赤苏、白苏、回回苏、桂荏、红苏、黑苏、白紫苏、青苏、苏麻、水升麻
十	薯芋类蔬菜	
1	马铃薯	土豆、山药蛋、洋芋、地蛋、荷兰薯、爪哇薯、洋山芋、薯仔、番仔薯、巴巴、地梨
2	山药	大薯、薯芋、佛掌薯、白苕、脚板苕
3	姜	生姜、黄姜、白姜、川姜
4	芋	芋头、芋艿、毛芋、蹲鸱、莒、土芝、独皮叶、接骨草、青皮叶、芋茇、水芋、台芋、毛芋
5	甘薯	山芋、地瓜、番芋、红苕、番薯、红薯、白薯、甜薯
6	魔芋	蒟芋、蒟头、磨芋、蛇头草、花秆莲、麻芋子、蒟蒻芋、雷公枪、蒟蒻、妖芋、鬼芋、蒟蒻
7	草石蚕	甘露子、螺丝菜、宝塔菜、甘露儿、地蚕、土人参、螺蛳菜、地蕊、米累累、益母膏、旱螺蛳、地钮、地牯牛、罗汉菜
8	菊芋	洋姜、鬼子姜、菊薯、五星草、洋羌、番羌
十一	水生类蔬菜	
1	莲藕	藕、莲、芙蕖、芙蓉、蓉玉节、玉玲珑、玉笋、玉臂龙、玉藕、雨草、玲珑腕

续表

序号	中文名称	别名
2	慈姑	茨菰、慈菰、剪刀草、燕尾草、白地栗、华夏慈姑、藉姑、槎牙
3	茭白	茭瓜、茭笋、菰首、菰、菰笋、菰米、茭儿菜、菰实、菰菜、茭首、高笋
4	荸荠	地栗、马蹄、乌芋、凫茈、水栗、菩荠、钱葱、刺龟儿、蒲球
5	芡	鸡头、鸡头米、水底黄蜂、芡实、卵菱、鸡雍、鸡头实、雁喙实、雁头、乌头、鸿头、水流黄、水鸡头、刺莲蓬实、刀芡实、鸡头果、苏黄
6	菱	风菱、乌菱、菱实、薢茩、芰实、蕨攗、菱角
7	豆瓣菜	西洋菜、水薄菜、水田芥、荷兰芥、东洋草
8	莼菜	蓴菜、马蹄草、水荷叶、水葵、露葵、湖菜、凫葵、莼、菁菜、马蹄菜
9	蒲菜	香蒲、甘蒲、蒲草、蒲儿菜、草芽、深蒲、蒲荔久、蒲笋、蒲芽、蒲白、蒲儿根
十二	海藻类蔬菜	
1	海带	纶布、江白菜、昆布
2	紫菜	紫英、灯塔菜、索菜
3	石花菜	鸡脚菜、海冻菜、红丝、凤尾
4	麒麟菜	鸡脚菜、鸡胶菜
5	鹿角菜	鹿角棒、鹿角豆
十三	其他蔬菜	
1	黄花菜	萱草、谖草、金针菜、安神菜、健脑菜
2	百合	番韭、蒜脑薯、山蒜头、中蓬花、夜合、强瞿、山丹、倒仙
3	辣根	西洋山荠菜、马萝卜、山葵萝卜
4	量天尺	剑花、霸王花、霸王鞭、三棱箭、三角柱

续表

序号	中文名称	别名
5	食用大黄	圆叶大黄、丸叶大黄、土大黄、大黄菜、酸菜
6	款冬	冬花、颗冻、钻冻、虎须、金实草、水斗叶
7	黄秋葵	秋葵、咖啡黄葵、黄蜀葵、欧库拉、羊角豆、毛茄
8	食用菊	甘菊、料理菊、寿容、黄华、臭菊
9	玉米	甜玉米、玉笋、糯苞谷、甜苞谷、苞谷、苞米、棒子、玉麦
十四	芽类蔬菜	
1	大豆芽	
2	绿豆芽	
3	豌豆苗	
4	蚕豆芽	
5	萝卜芽	
6	香椿	香椿树、红椿、椿花、椿甜树
7	竹笋	竹芽、春笋、冬笋、生笋
8	枸杞	枸杞头、天精、仙人杖、地仙、地骨皮、苦杞、枸杞菜、苟起子、枸杞红实、甜菜子、枸蹄子、枸杞果、地骨子、红耳坠、血枸子、枸地芽子、枸杞豆、津枸杞
9	芦笋	青笋、龙须菜
10	芽球菊苣	水贡、吉康菜、比利时菊苣、法国菊苣

五、蔬菜拉丁文学名与英文名

　　作为蔬菜科研、生产人员，在查找文献、编撰著作、发表文章、学术交流时，经常会遇到蔬菜的拉丁文学名。拉丁文是世界上最古老的语言之一，但是目前很少有人用它作为正式交流语言使用，尤其是对于蔬菜拉丁文学名的组成不甚了解。正确理解蔬菜学名的结构组成和意义，会有助于我们的工作。

（一）拉丁文学名的产生

　　植物的种类很多，为了生产和交流的需要，人们给植物起了不同的名字，以示区分。但不同的国家，乃至同一个国家的不同地域，由于语言、文化不同，一种植物有多个名字的情形经常发生，出现了同物异名的现象。同时也有不同的植物种类，在不同的地域又有同一个名字，出现了同名异物的现象。蔬菜是植物界中的一大类，同样存在这一问题。这在生产、贸易、科研和国际学术交流中会遇到很多的困难。生物学家在很早以前就对创立世界通用的生物命名法问题进行探索，提出了很多命名法。但由于不太科学，没有广泛采用。直到1768年，瑞典著名的植物学家卡尔·冯·林奈（Carl von Linné，1707—1778）在《自然系统》这本书中正式提出科学的生物命名法——双名法，这一问题才得以圆满解决。1867年由奥古斯丁·彼拉姆斯·德·堪多（A. P. de Candolle）等拟定出第一个《国际植物命名法规》（*International Code of Botanical Nomenclature*，简称ICBN）。之后，编辑委员会根据每四年一次的国际植物学会议上有关命名提案的决议负责修订。ICBN为世界各国、各地区采用统一、规范的植物学名命名提供了重要依据，拉丁文学名也因此变成了每种植物的身份证。

（二）蔬菜拉丁文学名的构成

《国际植物命名法规》规定，植物种的学名采用卡尔·冯·林奈创立的双名法命名。所谓"双名法"，就是使用两个拉丁词构成某一生物的名称。双名法的第一个拉丁词是属名，而第二个拉丁词是种名，在较正规的材料或文献数据上还应在后面附有定名人的姓名。双名法的生物学名部分拉丁文属名首字母大写，种名字母均小写，书写时应为斜体字。命名者姓名部分在书写时为正体。该姓名除极为简短的以外，都可以予以缩写，一般采用姓氏缩写。蔬菜的拉丁文学名完全依照这一规则，如萝卜的学名为 *Raphanus sativus* L.，其中"*Raphanus*"是属名"萝卜属"，"*sativus*"是种名，后面的"L."是该种定名人瑞典著名植物学家卡尔·冯·林奈的姓氏（Linné）缩写。植物学名中的种名通常使用形容词、同位名词或名词所有格。使用名词所有格是用以纪念某一分类学家或某一标本采集者，这种情况在纪念男性时加i、ii，纪念女性时加ae。如草石蚕的学名*Stachys sieboldii* Miq.是为了纪念荷兰人Friedrich Anton Wilhelm Miquel（1811—1871）。

（三）蔬菜拉丁文学名的附加部分

在接触蔬菜拉丁文学名时，有时会看到学名的附加部分，如：

（1）根芥菜*Brassica juncea* Coss. var. *megarrhiza* Tsen et Lee，命名人系用et连接的两个人名，表示这一学名系由Tsen 和 Lee二人合作命名。但当某一蔬菜名称是由两位以上的作者共同发表，则只需引证第一位作者的姓名，再加et al. 即可。

（2）笋瓜*Cucurbita maxima* Duch. ex Lam.，命名人是用ex连接的两个人名，这是表示笋瓜由Duch.定了名，但尚未正式发表，以后Lam.同意此名称并正式加以发表。

（3）有时在植物学名的种名之后有一括号，括号内为人名或人名的缩写，表示这一学名经重新组合而成。如香椿学名*Toona sinensis*（A. Juss）Roem.，原植物学名由A. Juss命名为*Cedrela sinensis* A. Juss，以后经Roem.研究香椿应列入香椿属。根据植物命名法规定，需要重新组合（如改订属名、由变种升为种等）时，应保留原种名和原命名人，原命名人加括号。

（4）对于一种植物有两个命名的采用在一个命名后用括号将另一个命名括起来，并在括号中的命名前加syn。如冬寒菜学名有两个命名*Malva verticillata* L.和*Malva crispa* L.，均代表同一植物冬寒菜。用括号加syn构成*Malva verticillata* L.（syn. *M. crispa* L.），其中syn.为synonymus的缩写。

（5）sp.为species的缩写，表示种。而spp.为spiecies的缩写，表示种（多数）。百合的学名一般为 *Lilium* sp.是指百合科百合属中能形成鳞茎的栽培种群。

（四）种以下的植物学名表示方法

（1）种以下的分类等级有亚种（Subspecies），亚种的命名是在原种完整学名之后加上亚种的拉丁文缩写subsp（或ssp.），再加上亚种名及亚种的命名人。如大白菜是芸薹属芸薹种中能形成叶球的亚种，其学名构成为*Brassica campestris* L. ssp. *pekinensis*（Lour.）Olsson。

（2）变种（Variety）缩写为var.，是指某些遗传特征已有别于原来的种，但其基本特征仍未超脱原种范围的一群个体。其构成法为在基本的双名法之后出现var.字样，再加上变种名及变种的命名人。例如，结球甘蓝是芸薹属甘蓝种中顶芽或腋芽能形成叶球的一个变种，其学名构成为*Brassica oleracea* L. var. *capitata* L.。

（3）变型（Forma）缩写为f.。变型的命名是在原种完整学名之后加上变型的拉丁文缩写f再加上变型及变型的定名人，如白碧桃*Prunus persica*（L.）Batsch. f. *alba* Schneid. 为桃*Prunus persica*（L.）Batsch.的变型。

（4）品种是栽培植物的基本分类单位，是为一专门目的而选择，具有一致而稳定的明显区别特征，而且采用适当的方式繁殖后，这些特征仍能保持下来的一个栽培植物分类单位。《国际植物命名法规》规定，品种的全名由它所隶属的分类等级的拉丁学名加品种加词构成，即在种加词后加上单引号括起来的品种加词，后不加定名人。

（5）栽培种（Cultivar）一般指人们为了特定的目的培育出来的品种，与原本的品种间可能会有花色、叶子等细微的差别。最后的名字不是完全的拉丁文。如欧刺柏*Juniperus communis* Hibernica。

（6）杂交品种（Hybrid）是指通过不同品种杂交得到的新品种，以"x"来代表。例如，醒目薰衣草*Lavandula* x *intermedia*就是真正薰衣草和穗花薰衣草之间的杂交品种。

（7）化学性（Chemotype）即由于同一种植物由于环境不同会合成不同的化学成分，以"ct"为代表。沉香醇百里香*Thymus valgaris* ct linalool是指它与其他化学型相比沉香醇含量更高。

了解蔬菜拉丁文学名构成的规则和国际命名法规，有助于正确理解植物学名的结构组成和意义，便于查阅文献，尤其是用学名上网搜索，可以得到更多的资讯。

（五）常见蔬菜拉丁文学名与英文名

自17世纪以来，英文在英国和美国的广泛影响下在世界各地传播，成为世界各国交流的主导文字。尤其是在科学、生产、商贸等方面发挥着重要的作用。世界各国人民生活中离不开蔬菜，蔬菜是各国园艺生产中不可缺少的组成部分。尤其是中国无论是种类、品种，还是种植面积、产量均是世界第一。准确的蔬菜中英文名称对照对于科学、生产、商贸等十分重要（详见下表）。

蔬菜中/英文名称、拉丁文学名对照表

序号	中文名称	学名	英文名称
一	根茎类蔬菜		Root vegetables
1	萝卜	*Raphanus sativus* L.	Radish
2	胡萝卜	*Daucus carota* L. var. *sativa* Hoffm.	Carrot
3	芜菁	*Brassica campestris* L. ssp. *rapifera* Matzg	Turnip
4	牛蒡	*Arctium lappa* L.	Edible burdock
5	根甜菜	*Beta vulgaris* L. var. *rapacea* L.	Table beet
二	白菜类蔬菜		Cabbage vegetable
6	大白菜	*Brassica campestris* L. ssp. *pekinensis* (Lour.) Olsson	Chinese cabbage
7	小白菜	*Brassica campestris* L. ssp. *chinensis* (L.)	Baby bok choy
8	乌塌菜	*Brassica campestris* L. ssp. *chinensis* (L.) *Makino* var. *rosularis* Tsen et Lee	Wuta-tsai
9	菜薹	*Brassica rapa* var. *chinensis* 'Parachinensis'	Flowering Chinese cabbage
三	甘蓝类蔬菜		Cole crops
10	结球甘蓝	*Brassica oleracea* L. var. *capitata* L.	Ball cabbage
11	菜花	*Brassica oleracea* L. var. *botrytis* L.	Cauliflower
12	西蓝花	*Brassica oleracea* L. var. *italica* Plenck	Broccoli
13	芥蓝	*Brassica alboglabra* Bailey	Chinese kale
14	抱子甘蓝	*Brassica oleracea* L. var. *gemmifera* Zenker	Brussels sprouts
15	羽衣甘蓝	*Brassica oleracea* var. *acephala* DC.	Kales

续表

序号	中文名称	学名	英文名称
四	芥菜类蔬菜		Mustards
16	根用芥菜	*Brassica juncea* Coss. var. *megarrhiza* Tsen et Lee	Root mustard
17	叶用芥菜	*Brassica juncea* Coss. var. *faliosa* Bailey	Leaf mustard
18	茎用芥菜	*Brassica juncea* var. *tsatsai* Mao	Stem mustard
五	茄果类蔬菜		Solanceous fruits
19	番茄	*Lycopersicon esculentum* Miller	Tomato
20	辣椒	*Capsicum annuum* L.	Pepper
21	茄子	*Solanum melongena* L.	Eggplant
22	香瓜茄	*Solanum muricatum* Ait.	Melon pear
23	酸浆	*Physalis alkekengi* L.	Husk tomato
六	豆类蔬菜		Vegetable legumes
24	菜豆	*Phaseolus vulgaris* L.	Kidney bean
25	豇豆	*Vigna unguiculata* (L.) Walp.	Asparagus bean
26	扁豆	*Lablab purpureus* (L.) Sweet	Hyacinth bean
27	蚕豆	*Vicia faba* L.	Broad bean
28	豌豆	*Pisum sativum* L.	Vegetable pea
29	四棱豆	*Psophocarpus tetragonolobus* (L.) DC.	Winged bean
30	菜用大豆	*Glycine max* (L.) Merr.	Soya bean
七	瓜类蔬菜		Gourd vegetable
31	黄瓜	*Cucumis sativus* L.	Cucumber
32	西瓜	*Citrullus lanatus* (Thunb.) Matsum. et Nakai	Watermelon

续表

序号	中文名称	学名	英文名称
33	冬瓜	*Benincasa hispida* Cogn.	Wax gourd
34	西葫芦	*Cucurbita pepo* L.	Marrow
35	丝瓜	*Luffa aegyptiaca* Miller.	Luffa
36	苦瓜	*Momordica charantia* L.	Balsam pear
37	瓠瓜	*Lagenaria siceraria* (Molina) Standl.	Bottle gourd
38	佛手瓜	*Sechium edule* Swartz	Chayote
八	葱蒜类蔬菜		Allium vegetable
39	韭	*Allium tuberosum* Rottler ex Spr.	Leaf of tuber onion
40	大葱	*Allium fistulosum* L. var. *gigantum* Makino	Bunching onion
41	洋葱	*Allium cepa* L.	Onion
42	大蒜	*Allium sativum* L.	Garlic
43	香葱	*Allium cepiforme* G. Don	Chive
九	绿叶类蔬菜		Leafy vegetables
44	菠菜	*Spinacia oleracea* L.	Spinach
45	芹菜	*Apium graveolens* L.	Celery
46	莴苣	*Lactuca sativa* L.	Lettuce
47	蕹菜	*Ipomoea aquatica* Forsskal	Ipomoea aquatica
48	茴香	*Foeniculum vulgare* Mill.	Fennel
49	球茎茴香	*Foeniculum vulgare* var. *dulce* Batt. et Trab.	Florence fennel
50	苋菜	*Amaranthus mangostanus* L.	Edible amaranth
51	芫荽	*Coriandrum sativum* L.	Coriander

续表

序号	中文名称	学名	英文名称
52	叶甜菜	*Beta vulgaris* L. var. *cicla* L.	Swiss chard
53	茼蒿	*Chrysanthemum coronarium* L.	Garland chrysanthemum
54	荠菜	*Capsella bursa-pastoris* L.	Shepherd's purse
55	冬寒菜	*Malva verticillata* L. (syn. *M. crispa* L.)	Curled mallow
56	番杏	*Tetragonia tetragonioides* (pall.) Kuntze	New Zealand spinach
57	苜蓿	Medicago hispida Gaertn.	Alfalfa vegetable
58	紫背天葵	*Gynura bicolor* DC.	Gynura
59	紫苏	*Perilla frutescens* (L.) Britt.	Purple perilla
十	薯芋类蔬菜		Starchy underground vegetables
60	马铃薯	*Solanum tuberosum* L.	Potato
61	山药	*Dioscorea batatas* Decne.	Rhizoma dioscoreae
62	姜	*Zingiber officinale* Rosc.	Ginger
63	芋	*Colocasia esculenta* (L.) Schott	Taro
64	甘薯	*Dioscorea esculenta* (Lour.) Burkill	Rhizome of edible yam
65	魔芋	*Amorphophallus rivieri* Durieu.	Konjac
66	草石蚕	*Stachys sieboldii* Miq.	Chinese artichoke
67	菊芋	*Helianthus tuberosus* L.	Jerusalem artichoke
十一	水生类蔬菜		Aquatic vegetables
68	莲藕	*Nelumbo nucifera* Gaertn.	Lotus root
69	慈姑	*Sagittaria trifolia* var. *sinensis* Sims	Chinese arrowhead
70	茭白	*Zizania caduciflora* (Turcz.ex Trin.) Hand.-Mazz.	Water bamboo

续表

序号	中文名称	学名	英文名称
71	荸荠	*Eleocharis tuberosa* (Roxb.) Roem.et Schult	Water chestnut
72	芡	*Euryale ferox* Salisb.	Gordon euryale
73	菱	*Trapa bispinosa* Roxb.	Water chestnut
74	豆瓣菜	*Nasturtium officinale* R. Br.	Water cress
75	莼菜	*Brasenia schreberi* J. F. Gmel.	Water shield
76	蒲菜	*Typha latifolia* L.	Common cattail
十二	海藻类蔬菜		Seaweed vegetables
77	海带	*Laminaria japonica*	Kelp
78	紫菜	*Pyropia/Porphyra* spp.	Laver
79	石花菜	*Gelidium amansii Lamouroux*	Gelidium
80	麒麟菜	Eucheuma muricatum	Eucheuma
81	鹿角菜	*Pelvetia siliquosa* Tseng et C. F. Chang	Pelvetia
十三	其他蔬菜		Perennial vegetables
82	黄花菜	*Hemerocallis citrina* Baroni.	Day lily
83	百合	*Lilium lancifolium* Thunb.	Edible lily
84	辣根	*Armoracia rusticana* (Lam.) Gaertn.	Horse-radish
85	量天尺	*Hylocereus undatus* (Haw.) Britt. et Rose	Nightblooming cereus
86	食用大黄	*Rheum officinale* Baill.	Rheum rhaponticum
87	款冬	*Tussilago farfara* L.	Coltsfoot
88	黄秋葵	*Hibiscus esculentus* L.	Okra
89	食用菊	*Chrysanthemum sinense* Sab.	Edible chrysanthemum

续表

序号	中文名称	学名	英文名称
90	玉米	*Zea mays* L.	Maize
十四	芽类蔬菜		Sprouting vegetables
91	大豆芽		
92	绿豆芽		
93	豌豆苗		
94	蚕豆芽		
95	萝卜芽		
96	香椿	*Toona sinensis* (A. Juss) Roem.	Chinese toon
97	竹笋	*Bambuseae species*	Bamboo shoot
98	枸杞	*Lycium chinense* Miller	Matrimony vine
99	芦笋	*Asparagus officinalis* L.	Asparagus
100	芽球菊苣	Cichorium intybus L. var. *foliosum* Hegi	Chicory

后记

吃了一辈子的菜，种了半辈子的菜，应该写点有关菜的文字。

俗话有："三天不吃青，两眼冒火星"，可见蔬菜是百姓每日不可缺少的食品。宋代诗人黄庭坚为蔬菜画作（画上是一颗枯黄的大白菜）题词："不可使士大夫一日不知此味，不可使小民一日有此色"，此话道出了诗人对百姓的关切之情。想起来，中华人民共和国成立前广大的穷苦百姓，在饥荒之年，哪个不是面带菜色呢。所谓的"糠菜半年粮"，吃的是糠，菜不过是沟边渠旁的野菜而已。

1949年中华人民共和国成立以后，人民生活水平提高了，不但吃得饱，饭桌上也见到了蔬菜。但能吃到的蔬菜也就是白菜、土豆、萝卜等"大路货"。细菜很少，品种不多。尤其是在北方的冬三月，普通的百姓之家只能靠冬储的白菜、土豆过日子，更多的时候吃的是咸菜。那时候，哪个老百姓家里没有几个腌菜坛子。

20世纪60年代初，国民经济遇到了巨大的困难，吃菜也成了大问题。北京市市民每天凭菜票供应二两菜。人口多的家庭还好说，难的是单身一人的，二两菜的限量买不了一棵白菜，也买不了一个茄子，充其量只能买到一棵葱。这样的日子过了很长的一段时间。

1988年农业部提出"菜篮子工程"建设，各级政府成立领导小组，省长抓"米袋子"，市长抓"菜篮子"。尽管当时买冬储大白菜还需按人定量供应，但老百姓餐桌上的菜蔬明显得丰富起来了。过年的时候，百姓人家也要买一些黄瓜、番茄、柿子椒等细菜，但这些菜往往是招待客人用的。客人来了，切一碟黄瓜，满屋的清香，那香气至今还留在记忆中。不是那时候的黄瓜特别香，而是那时候的黄瓜金贵。

吃菜不再是难事始于何时，似乎记不太清楚了。好像是在某一天，市场上的蔬菜一下就丰富起来了，遍布大街小巷的菜市场堆满了水灵灵的蔬菜。每天为一家人一日三餐操心的主妇们，不再为买不到菜而发愁了。细想起来，这一天确切始于何日何时呢？这一天应该是土地回到了农民手中，农民有了生产自主权的时候；这一天应该是日光温室、塑料大棚如雨后春笋般地出现，深冬也能生产出顶花带刺的黄瓜的时候；这一天应该是南北蔬菜形成了大流通的局面，蔬菜消费均衡性与生产季节性之间的矛盾得到解决的时候。人们对幸福的记忆往往淡于对困苦的记忆，但我要牢牢地记住这一天。

当人们不再为吃菜发愁后，人们的消费观念也随之发生变化。人们很快地就不再满足于蔬菜产品的充足数量，而是更加注意其整齐、美观的外形，鲜艳的色泽，悦目的包装，并开始追求品种多样、风味口感佳良、富含营养、具有食疗保健效果、清洁、无污染、食用方便等更高层次的消费目标。请不要责怪消费者的要求，追求幸福生活是每个人的权利。蔬菜科研工作者和生产者并不认为这是消费者过高的要求，因为他们有能力满足消费者的这些要求。凭借他们的智慧和创造力，对蔬菜种质资源进行创新，培育出大量的优良蔬菜种子；总结出南菜北种（北菜南种）、夏菜冬种（冬菜夏种）、洋菜中种和野菜家种等多种栽培模式；采用了连栋温室、日光温室、塑料大棚、防虫纱网等栽培设施，运用物理、生物、化学等防治手段，极大地满足消费者对蔬菜优质、安全、营养及花色、品种的要求。

当你今天走进菜市场，其品种之多，色彩之鲜艳，品质之鲜嫩，会令你眼花缭乱，目不暇接。这几百种的蔬菜有的是原产于中国，有的是从国外引进的。无论是原产的还是引进的，都包含有劳动者的辛劳和汗水。谨以此《蔬之史话》一书，深表敬意。

张德纯

2023年5月29日